Wissenschaftliche Taschenbücher WTB

Mathematik · Physik

Dieter Klaua

Kardinal- und Ordinalzahlen

Teil 1

Akademie-Verlag · Berlin

WTB Wissenschaftliche Taschenbücher

WERNER HABERDITZL
Magnetochemie

A. A. SOKOLOW
Elementarteilchen

HEINZ AHRENS
Varianzanalyse

HANS-JÜRGEN TREDER
Relativität und Kosmos
Raum und Zeit in Physik, Astronomie und Kosmologie

ALBERT EINSTEIN
Grundzüge der Relativitätstheorie

ALBERT EINSTEIN
Über die spezielle und die allgemeine Relativitätstheorie

GÜNTHER LUDWIG
Wellenmechanik. Einführung und Originaltexte

HARRY PAUL
Lasertheorie, Teil I und II

FRANZ RUDOLF KESSLER
Einführung in die physikalischen Grundlagen der Kernenergiegewinnung

D. TER HAAR
Quantentheorie. Einführung und Originaltexte

J. H. SANDERS
Die Lichtgeschwindigkeit. Einführung und Originaltexte

JEAN KUNTZMANN
Unendliche Reihen
Mathematische Hilfsmittel der Physik und Chemie
Mit 94 Übungen und 29 Aufgaben

JEAN KUNTZMANN
Systeme von Differentialgleichungen
Mathematische Hilfsmittel der Physik und Chemie
Mit 88 Übungen und 40 Aufgaben

JEAN KUNTZMANN
Komplexe Veränderliche
Mathematische Hilfsmittel der Physik und Chemie
Mit 90 Übungen und 37 Aufgaben

FERDINAND CAP
Einführung in die Plasmaphysik
I. Theoretische Grundlagen

FERDINAND CAP
Einführung in die Plasmaphysik
II. Wellen und Instabilitäten

FERDINAND CAP
Einführung in die Plasmaphysik
III. Magnetohydrodynamik

J. A. ROSANOW
Wahrscheinlichkeitstheorie

HARRY PFEIFER
Theorie linearer Bauelemente
Elektronik für den Physiker I

HARRY PFEIFER
Die Elektronenröhre
Elektronik für den Physiker II

HARRY PFEIFER
Schaltungen mit Elektronenröhren
Elektronik für den Physiker III

HARRY PFEIFER
Leitungen und Antennen
Elektronik für den Physiker IV

HARRY PFEIFER
Mikrowellenelektronik
Elektronik für den Physiker V

HARRY PFEIFER
Halbleiterelektronik
Elektronik für den Physiker VI

GERHARD HÜBNER / KLAUS JUNG / ECKART WINKLER
Die Rolle des Wassers in biologischen Systemen

STEPHEN G. BRUSH
Kinetische Theorie, Teil I und II
Einführung und Originaltexte

EBERHARD HOFMANN
Eiweiße und Nucleinsäuren als biologische Makromoleküle
Dynamische Biochemie, Teil I

EBERHARD HOFMANN
Enzyme und energieliefernde Stoffwechselreaktionen
Dynamische Biochemie, Teil II

EBERHARD HOFMANN
Intermediärstoffwechsel
Dynamische Biochemie, Teil III

EBERHARD HOFMANN
Grundlagen der Molekularbiologie und Regulation des Zellstoffwechsels
Dynamische Biochemie, Teil IV

HERBERT GOERING
Elementare Methoden zur Lösung von Differentialgleichungsproblemen

PETER KRUMBIEGEL
Isotopieeffekte

D. M. BRINK
Kernkräfte. Einführung und Originaltexte

DIETER ONKEN
Steroide
Zur Chemie und Anwendung

HEINZ GEILER
Ökologie der Land- und Süßwassertiere

ARTHUR F. CRACKNELL
Angewandte Gruppentheorie. Einführung und Originaltexte

DIETER KLAUA
Elementare Axiome der Mengenlehre
Einführung in die Allgemeine Mengenlehre I

GÜNTER TEMBROCK
Grundlagen der Tierpsychologie

J. P. VINSON
Optische Kohärenz in der klassischen Theorie und in der Quantentheorie

W. R. HINDMARSH
Atomspektren. Einführung und Originaltexte

GÜNTER TEMBROCK
Biokommunikation
Informationsübertragung im biologischen Bereich
Teil I und II

ADOLF ZSCHUNKE
Kernmagnetische Resonanzspektroskopie in der organischen Chemie

DIETER MERKEL
Riechstoffe

JOHN CUNNINGHAM
Vektoren

GEORG DAUTCOURT
Relativistische Astrophysik

ERNST SCHMUTZER
Symmetrien und Erhaltungssätze der Physik

GERHARD LERCH
Pflanzenökologie

MICHAEL GÖSSEL
Angewandte Automatentheorie, Band I
Grundbegriffe

MICHAEL GÖSSEL
Angewandte Automatentheorie, Band II
Lineare Automaten und Schieberegister

HEINRICH KINDLER
Der Regelkreis. Eine Einführung.

A. R. KESSEL
Akustische Kernresonanz

WOLFRAM BRAUER / HANS-WALDEMAR STREITWOLF
Theoretische Grundlagen der Halbleiterphysik

HARRY PAUL
Nichtlineare Optik, Teil I und II

HANS BANDEMER / ANDREAS BELLMANN
WOLFHART JUNG / KLAUS RICHTER
Optimale Versuchsplanung

DIETRICH BENDER / ERNST-EGON PIPPIG
Einheiten — Maßsysteme — SI

DIETER KLAUA
Grundbegriffe der axiomatischen Mengenlehre, Teil 1 und 2
Einführung in die Allgemeine Mengenlehre II

E. G. GOLSTEIN
Konvexe Optimierung. Die Elemente der Theorie

HELMUT FRIEMEL / JOSEF BROCK
Grundlagen der Immunologie

SIEGFRIED HAUPTMANN
Über den Ablauf organisch-chemischer Reaktionen

EBERHARD TEUSCHER
Pharmakognosie, Teil I und II

JOACHIM NITSCHMANN
Entwicklung bei Mensch und Tier
Embryologie

R. A. R. TRICKER
Frühe Elektrodynamik

L. A. SKORNJAKOW
Elemente der Verbandstheorie

KONRAD KREHER
Festkörperphysik

N. D. SHEWANDROW
Polarisation des Lichtes

HANS-MARTIN BARCHET
Chemie photographischer Prozesse

DIETER KLAUA
Kardinal- und Ordinalzahlen, Teil 1 und 2
Einführung in die Allgemeine Mengenlehre III

Vorschau auf die nächsten Bände:

VOLKER KEMPE
Theorie stochastischer Systeme

ROLF BORSDORF / MANFRED SCHOLZ
Spektroskopische Methoden in der organischen Chemie

WTB

BAND 125

Dieter Klaua

Kardinal- und Ordinalzahlen

Teil 1

Einführung in die Allgemeine Mengenlehre III/1

AKADEMIE-VERLAG · BERLIN

Reihe MATHEMATIK UND PHYSIK

Herausgeber:
Prof. Dr. phil. habil. W. Holzmüller, Leipzig
Prof. Dr. phil. habil. A. Lösche, Leipzig
Prof. Dr. phil. habil. H. Reichardt, Berlin
Prof. Dr. phil. habil. K. Schröder, Berlin
Prof. Dr. phil. habil. K. Schröter, Berlin
Prof. Dr. rer. nat. habil. H.-J. Treder, Potsdam

Verfasser:
Prof. Dr. rer. nat. habil. D. Klaua
Berlin

1974

Lizenznummer: 202 · 100/405/74
Herstellung: VEB Druckhaus „Maxim Gorki", 74 Altenburg
Bestellnummer: 7615694 (7125) · LSV 1014
Printed in GDR
EVP 8.–

Vorwort

Da sich das in Band I „Elementare Axiome der Mengenlehre“ des Buches „Einführung in die Allgemeine Mengenlehre“ ausgesprochene Vorwort auf das gesamte Buch bezieht, genügt es für Band III „Kardinal- und Ordinalzahlen“, auf jenes Vorwort hinzuweisen. Band III zerfällt in die Teilbände III/1 und III/2, die gemeinsam als Band III zitiert werden und deren Kapitel und Paragraphen deshalb durchlaufend numeriert sind. Band II „Grundbegriffe der axiomatischen Mengenlehre, Teil 1 und 2“ ist für das Verständnis von Band III erforderlich.

Den Herren Dr. S. Gottwald, Dr. R. Hebenstreit, Dr. K.-U. Jahn und Dr. sc. M. Kühnrich danke ich für ihre wertvolle Hilfe bei den Korrekturen auch zu diesem letzten Band III und für die fortlaufende Ergänzung des Literaturverzeichnisses sämtlicher Bände I bis III. Dem Verlag, vor allem Fräulein Dipl.-Math. R. Helle, und der Druckerei gilt mein Dank für die stets angenehme Zusammenarbeit.

Rückblickend auf die Herstellung des gesamten Buches, möchte ich ebenso für die sorgfältige Anfertigung des komplizierten maschinenschriftlichen Textes Fräulein G. Müller (Bände I, II/1) und Frau I. Klühe (Bände II/2, III/1,III/2) meinen besten Dank aussprechen.

Berlin, Januar 1974 D. Klaua

Inhaltsverzeichnis

KAPITEL I

Wohlordnungen

Inhaltsverzeichnis für Teil 2

KAPITEL I

Wohlordnungen

§ 1. Ordnungstheoretische Vorbetrachtungen

1. Wohlordnungen. Von prinzipiellem Interesse sind solche Anordnungsbeziehungen zwischen den Elementen einer Menge A, welche durch Fortsetzung des üblichen Zählverfahrens (vgl. in Band II: Definition 14, § 7 und § 9, Abschn. 4) ins Transfinite eine Abzählung (im weiteren Sinne) sämtlicher Elemente von A liefern und durch welche sich alle möglichen Abzählungen der Elemente von A erfassen lassen. Derartige Anordnungsbeziehungen werden wir „Wohlordnungen" nennen. Wohlordnungen führen auf Grund ihres inhaltlichen Ansatzes unmittelbar zum Ordinalzahlbegriff (vgl. § 9) und besitzen mit ihren Eigenschaften (vgl. §§ 4—6) eine fundamentale strukturelle Bedeutung für die Mathematik. Beispiele für Wohlordnungen liefern später die Größenanordnungen $\leqq$ der Kardinalzahlen, der Ordinalzahlen und der natürlichen Zahlen und die Inklusion $\subseteq$ zwischen Allmengen. Wir wollen zunächst, in Verfolgung der Idee CANTORS, anschaulich klarmachen, wie man Wohlordnungen, also die oben angedeuteten verallgemeinerten Elementeabzählungen beliebiger Mengen, exakt definieren kann, was ja die Voraussetzung ihrer mathematischen Behandlung ist.

Es sei A eine beliebige Menge. Man wähle (falls $A \neq \emptyset$) irgendein Element $a_0 \in A$ als das erste Element von A in bezug auf die beabsichtigte Abzählung aus, dann (falls $A \setminus \{a_0\} \neq \emptyset$) irgendein Element $a_1 \in A \setminus \{a_0\}$ als das zweite Element von A, dann (falls $A \setminus \{a_0, a_1\} \neq \emptyset$) irgendein Element $a_2 \in A \setminus \{a_0, a_1\}$ als das dritte Element von A usw. Ist die Menge A endlich, so bricht dieses Zählverfahren rein anschaulich einmal ab, und man hat alle Elemente von A in einer gewissen Reihenfolge erschöpfend abgezählt. Ist A unendlich, so bricht dieses (wegen der uns zur Verfügung stehenden endlichen Zeit natürlich nur ideelle) Zählverfahren nicht ab, und man erhält die sukzessiv ausgewählten unendlich vielen Elemente a_0, a_1, a_2, ..., welche die Menge A_0 bilden mögen. Ist $A = A_0$, so sind alle Elemente von A in der entstandenen Reihenfolge $a_0, a_1, a_2, \ldots$ wieder erschöpfend abgezählt. Die bisherigen beiden Fälle (A endlich und A unendlich bei $A = A_0$) entsprechen dem üblichen Zählverfahren der wiederholungsfreien Abzählung sämtlicher Elemente einer (im Sinne von Definition 14, Bd. II, § 7) abzählbaren Menge durch eine endliche oder unendliche Folge. Ist $A \neq A_0$, so ist A nach der Auswahl der Elemente $a_0, a_1, a_2, \ldots$ noch nicht erschöpft, und es beginnt die Fortsetzung unseres Zählverfahrens ins Transfinite. Man wähle nämlich jetzt irgendein Element $a_\omega \in A \setminus A_0$ aus, setze es hinter alle Elemente von A_0, wähle (falls $A \setminus (A_0 \cup \{a_\omega\}) \neq \emptyset$) irgendein Element $a_{\omega,1} \in A \setminus (A_0 \cup \{a_\omega\})$, setze es hinter a_ω usw. usw.; dabei bedeute „usw. usw.“ ganz allgemein, daß man sukzessiv für jede bereits abgezählte Teilmenge $X \subseteq A$ (falls $A \setminus X \neq \emptyset$) ein beliebiges Element $x \in A \setminus X$ wählt und es hinter die Elemente von X setzt. Nach diesem Zählverfahren fahre man so lange fort, bis die Menge A vollkommen ausgeschöpft ist, was auf Grund naiver Anschauung einmal eintreten muß; denn würde unser Zählverfahren die Menge A nur bis auf einen verbleibenden Rest B bei $\emptyset \neq B \subseteq A$ ausschöpfen, so könnte man doch wieder ein Element $b \in B$ auswählen und hinter die Elemente von $A \setminus B$ setzen, womit das verwendete Zählverfahren, im Widerspruch zur Annahme, nicht nur $A \setminus B$ ausschöpfte. Unser allgemeines Zählverfahren liefert also im anschaulichen Sinne wirklich für jede Menge eine erschöpfende Abzählung ihrer Elemente.

Jede *transfinite Abzählung* einer Menge A (Abzählung im Sinne des verallgemeinerten Zählverfahrens, einschließlich der üblichen Abzählungen abzählbarer Mengen) führt zu einer eindeutig bestimmten Anordnungsbeziehung R zwischen den Elementen von A — zu einer eindeutig bestimmten Relation R in A —, wenn man festsetzt, daß Elemente a, $b \in A$ in dieser Beziehung R stehen — daß also aRb gilt — genau dann, wenn durch die betrachtete transfinite Abzählung von A das Element a früher erfaßt wurde als das Element b (wofür man auch sagt, daß a kleiner als b ist bzw. daß b größer als a ist) oder wenn $a = b$ gilt. Die so eingeführte (Kleinergleich-)Relation R in A hat dann anschaulich die folgenden Eigenschaften (1)—(5). Für Elemente $a, b, c \in A$ und Mengen $M \subseteq A$ gilt:

(1) aRa,

(2) $aRb \wedge bRc \rightarrow aRc$,

(3) $aRb \wedge bRa \rightarrow a = b$,

(4) $aRb \vee bRa$,

(5) $M \neq \emptyset \rightarrow \exists x(x \in M \wedge \forall y(y \in M \rightarrow xRy))$.

Umgekehrt führt jede beliebige Relation R in A mit den Eigenschaften (1)—(5) zu einer eindeutig bestimmten transfiniten Abzählung von A, deren nach eben zugehörige Anordnungsbeziehung gerade R ist. Man beachte hierfür zunächst, daß wegen (3), (5) für jede Menge $M \subseteq A$ gilt:

$$M \neq \emptyset \rightarrow \exists!!\, x(x \in M \wedge \forall y(y \in M \rightarrow xRy));$$

dieses Element x heiße das kleinste Element (Minimum) von M (bzgl. R), bezeichnet mit: $\min M$. Die für R gewünschte transfinite Abzählung der Elemente von A erhält man nun folgendermaßen: Es sei $a_0 = \min A$ (falls $A \neq \emptyset$; entsprechend seien die weiteren Mengen, deren Minimum gebildet wird, nichtleer), $a_1 = \min(A \setminus \{a_0\})$, $a_2 = \min(A \setminus \{a_0, a_1\})$ usw. Ist A_0 die Menge dieser unendlich vielen bisher ausgewählten Elemente $a_0, a_1, a_2, \ldots$, so sei $a_\omega = \min(A \setminus A_0)$, $a_{\omega,1} = \min(A \setminus (A_0 \cup \{a_\omega\}))$ usw. usw.; dabei bedeute „usw. usw.“ ganz allgemein, daß man sukzessiv für jede bereits im Sinne von R abgezählte Teilmenge $X \subseteq A$ das $\min(A \setminus X)$ (falls $A \setminus X \neq \emptyset$) als das auf alle Elemente von X folgende Element wählt. Auf diese Weise liefert R anschaulich die transfinite Abzählung

$$a_0, a_1, a_2, \ldots, a_\omega, a_{\omega,1}, \ldots\ldots$$

sämtlicher Elemente von A. Denn würde von diesem Zählverfahren ein Rest B bei $\emptyset \neq B \subseteq A$ nicht erfaßt, so könnte man doch wieder $\min B$ hinter die Elemente von $A \setminus B$ setzen, womit das Zählverfahren, im Widerspruch zur Annahme, nicht nur $A \setminus B$ ausschöpfte. Die zu unserer transfiniten Abzählung zugehörige Anordnungsbeziehung zwischen den Elementen von A ist offenbar gerade R (denn durch diese transfinite Abzählung wird $a \in A$ früher erfaßt als $b \in A$ genau dann, wenn $aRb \wedge a \neq b$ gilt), und es gibt keine andere transfinite Abzählung von A mit R als zugehöriger Anordnungsbeziehung (denn jede transfinite Abzählung von A mit R als zugehöriger Anordnungsbeziehung kann sukzessiv nur aus den oben gebildeten Elementen $a_0, a_1, a_2, \ldots, a_\omega, a_{\omega,1} \ldots\ldots$ bestehen). Damit lassen sich insgesamt die transfiniten Abzählungen einer Menge A anschaulich als diejenigen Relationen R in A mit den Eigenschaften (1)—(5) charakterisieren und somit exakt mengentheoretisch definieren.

Legt man die zu einer transfiniten Abzählung einer Menge A zugehörige Anordnungsbeziehung (Relation) R zwischen den Elementen von A in der Form fest, daß aRb genau dann gilt, wenn durch die betrachtete transfinite Abzählung das Element a früher erfaßt wird als das Element b, so lassen sich die transfiniten Abzählungen von A in analoger Weise anschaulich auch charakterisieren und damit exakt mengentheoretisch definieren als diejenigen (Kleiner-)Relationen R in A mit den Eigenschaften (1′)—(5′). Für Elemente $a, b, c \in A$ und Mengen

$M \subseteq A$ gilt:

(1′) $\neg\, aRa$,
(2′) $aRb \wedge bRc \rightarrow aRc$,
(3′) $aRb \rightarrow \neg\, bRa$,
(4′) $aRb \vee a = b \vee bRa$,
(5′) $M \neq \emptyset \rightarrow \exists x(x \in M \wedge \forall y(y \in M \rightarrow xRy \vee x = y))$.

Als Präzisierung des transfiniten Abzählbegriffes für die Elemente beliebiger Mengen A haben wir demnach Relationen R in A zu studieren mit den Eigenschaften (1)—(5) bzw. (1′)—(5′). Solche Relationen R nennen wir *reflexive* bzw. *irreflexive Wohlordnungen in A*. Zwischen den reflexiven und irreflexiven Wohlordnungen einer Menge A wird dabei unter Vermittlung der identischen Relation Id_A ein derart enger Zusammenhang bestehen, daß beide Wohlordnungsarten praktisch dieselbe Bedeutung haben und zu derselben Theorie führen. Man kann sich somit auf die Behandlung einer der beiden Arten beschränken. Wir bevorzugen die reflexiven Wohlordnungen, die dann einfach *Wohlordnungen* genannt werden.

2. Vollordnungen, Ordnungen. Neben den Wohlordnungen sind auch Relationen R in einer Menge A mit den Eigenschaften (1)—(4) bzw. (1′)—(4′) (vgl. Abschn. 1) wichtige und in der Mathematik häufig auftretende Ordnungsbeziehungen. Solche Relationen R nennen wir *reflexive* bzw. *irreflexive Vollordnungen in A*. Fordert man von R nur (1)—(3) bzw. (1′)—(3′), so entstehen die *reflexiven* bzw. *irreflexiven Ordnungen in A*, grundlegende Ordnungsbeziehungen von großer Allgemeinheit. Hinsichtlich der reflexiven und irreflexiven Fälle gelten dieselben Bemerkungen wie für Wohlordnungen, und wir bevorzugen wieder die reflexiven Vollordnungen und Ordnungen, die dann einfach *Vollordnungen* und *Ordnungen* heißen.

Das Studium der Wohlordnungen wird im folgenden systematisiert, indem vorher Ordnungen und Vollordnungen behandelt werden, die — wie erwähnt — außerdem selbständige Bedeutung besitzen.

Gelegentlich faßt man den Ordnungsbegriff noch allgemeiner und betrachtet *reflexive* bzw. *irreflexive Vorordnungen* (auch: *Quasiordnungen, Präordnungen*) in einer Menge A, das sind Relationen R in A mit den Eigenschaften (1), (2) bzw. (1'), (2'). Manche Autoren nennen auch bereits transitive Relationen, für die also nur (2) gilt, Ordnungsrelationen. Für unsere Zwecke sind derart weit gefaßte Ordnungsbegriffe nicht erforderlich. Wir verstehen unter *Ordnungsrelationen* die reflexiven und irreflexiven Ordnungen, Vollordnungen und Wohlordnungen in einer Menge; die allgemeinsten Ordnungsrelationen sind damit die reflexiven und irreflexiven Ordnungen.

3. Ordnungsstrukturen, Isomorphie. Es sei an die früheren Ausführungen über Strukturen in Bd. II, § 11 erinnert. Im Rahmen unserer Ordnungsbetrachtungen haben wir es bei Bevorzugung der reflexiven Relationen mit Grundmengen A und reflexiven Ordnungsrelationen R in A zu tun. Ein solches Paar $\mathfrak{A} = (A, R)$ heißt dann eine *Ordnungsstruktur* und speziell eine *geordnete, vollgeordnete* oder *wohlgeordnete Menge*, je nachdem, ob R eine Ordnung, Voll- oder Wohlordnung in A ist. Die zugehörigen Postulate aus (1)—(5) heißen jeweils die *Axiome* der betreffenden Ordnungsstruktur. *Ordnungstheorie* ist die Theorie der Ordnungsstrukturen.

Geordnete Mengen $\mathfrak{A} = (A, R)$ und $\mathfrak{B} = (B, S)$ sind offenbar *isomorph*, d. h. besitzen denselben Strukturtyp — anders ausgedrückt: A und B besitzen in bezug auf R und S dieselben strukturellen Eigenschaften —, wenn es eine eineindeutige Abbildung f von A auf B gibt mit für alle $x, y \in A$:

$$xRy \leftrightarrow f(x)Sf(y);$$

denn dann rechnet es sich mit den Elementen x, y aus A in bezug auf R genau so wie mit den Elementen $x' = f(x)$, $y' = f(y)$ aus B in bezug auf S. Präzise kommt die Isomorphie von $\mathfrak{A}$, $\mathfrak{B}$ später in entsprechenden Sätzen zum Ausdruck wie etwa: Sind $\mathfrak{A}$, $\mathfrak{B}$ isomorph, so ist $\mathfrak{A}$ eine vollgeordnete (wohlgeordnete) Menge genau dann, wenn $\mathfrak{B}$ es ist. In diesem Sinne übertragen sich Ordnungseigenschaften, die man in einer Ordnungsstruktur $\mathfrak{A}$ festgestellt hat, automatisch auf alle zu $\mathfrak{A}$ isomorphen Ordnungsstrukturen $\mathfrak{B}$ — man sagt auch von solchen Ordnungseigenschaften, sie seien *invariant gegenüber isomorphen Abbildungen* —, und isomorphe Ordnungsstrukturen sind somit ordnungstheoretisch gleichwertig. Mit dem Isomorphiebegriff werden wir auf Grund seiner geschilderten prinzipiellen Bedeutung wichtige Kenntnisse über wohlgeordnete Mengen gewinnen.

Bereits beim genetischen Aufbau des Zahlensystems in Bd. II, § 8 traten Isomorphismen in bezug auf Operationen (nämlich $+$, $\cdot$) und Relationen (nämlich $\leqq$) auf. Sind dabei etwa $\mathfrak{A}_1 = (A_1, \cdot_1)$, $\mathfrak{A}_2 = (A_2, \cdot_2)$ Gruppen, so sind $\mathfrak{A}_1$, $\mathfrak{A}_2$ offenbar *isomorph*, d. h. besitzen denselben Strukturtyp — anders ausgedrückt: A_1 und A_2 besitzen in bezug auf $\cdot_1$ und $\cdot_2$ dieselben strukturellen Eigenschaften —, wenn es eine eineindeutige Abbildung f von A_1 auf A_2 gibt mit für alle $x, y \in A_1$:

$$f(x \cdot_1 y) = f(x) \cdot_2 f(y)$$

oder gleichwertig für alle $x, y, z \in A_1$:

$$x \cdot_1 y = z \leftrightarrow f(x) \cdot_2 f(y) = f(z);$$

denn dann rechnet es sich mit den Elementen x, y aus A_1 in bezug auf $\cdot_1$ genau so wie mit den Elementen $x' = f(x)$, $y' = f(y)$ aus A_2 in bezug auf $\cdot_2$. Isomorphe Gruppen sind wieder (vgl. die obigen Ausführungen über isomorphe Ordnungsstrukturen) gruppentheoretisch gleichwertig. Ganz allgemein erweist sich so der Isomorphiebegriff für jede Strukturtheorie als fundamentaler Begriff.

Die Definition der Isomorphie von Strukturen erfolgt, wie wir an den wenigen Beispielen gesehen haben, unabhängig von den betreffenden Strukturaxiomen. Man braucht z. B. für die Isomorphie von Ordnungsstrukturen oder Gruppen nur zu wissen, daß man es mit Grundmengen und in ihnen vorgegebenen Relationen oder Operationen zu tun hat. Für derart allgemeine Untersuchungen an Strukturen $\mathfrak{A} = (A, \sigma, \tau, \ldots)$ wie das Studium der Strukturisomorphie kann man also am Anfang auf die Strukturaxiome verzichten und braucht nur die Art der neben der Grundmenge A noch weiter vorgegebenen Grundobjekte $\sigma, \tau, \ldots$ zu kennen, d. h. ob sie etwa Operationen oder Relationen (auch beliebigstellige und dann von welcher Stellenzahl) oder ganze (auch unendliche) Familien von Operationen oder Relationen in A sind. So entstehen Begriffe wie *universelle Algebra* (*Operationengebilde, Operationenstruktur, algebraische Struktur, Algebra*) $\mathfrak{A} = (A, \omega, n)$ und *Relationengebilde* (*Relationenstruktur*) $\mathfrak{R} = (A, \varrho, n)$ wo A eine Menge ist, $n = (n_i)_{i \in I}$ eine Familie natürlicher Zahlen $n_i \neq 0$ und $\omega = (\omega_i)_{i \in I}$ bzw. $\varrho = (\varrho_i)_{i \in I}$ eine Familie n_i-stelliger Operationen ω_i in A bzw. n_i-stelliger Relationen ϱ_i in A (vgl. die Definitionen 4, 5 aus Bd. II, § 10). A heißt der *Träger* (die *Trägermenge, Grundmenge*) und n der (*Stellenzahl-*)*Typ* von $\mathfrak{A}$ bzw. $\mathfrak{R}$; die ω_i sind die (*definierenden*) *Operationen* von $\mathfrak{A}$, die ϱ_i sind die (*definierenden*) *Relationen* von $\mathfrak{R}$. $\mathfrak{A}$ bzw. $\mathfrak{R}$ heißt auch die *durch die Operationen* ω_i bzw. *Relationen* ϱ_i *der Stellenzahlen* n_i *geregelte* (oder *strukturierte*) *Menge* A. Nennt man universelle Algebren

$$\mathfrak{A} = (A, (\omega_i)_{i \in I}, (n_i)_{i \in I}), \qquad \mathfrak{B} = (B, (\psi_j)_{j \in J}, (m_j)_{j \in J})$$

bzw. Relationengebilde

$$\mathfrak{A} = (A, (\varrho_i)_{i \in I}, (n_i)_{i \in I}), \qquad \mathfrak{B} = (B, (\sigma_j)_{j \in J}, (m_j)_{j \in J})$$

typengleich (oder *gleichartig*), falls $I = J$ und $n_i = m_i$ für alle $i \in I$ gilt, so läßt sich allgemein die *Isomorphie* typengleicher universeller Algebren $\mathfrak{A}$, $\mathfrak{B}$ bzw. typengleicher Relationengebilde $\mathfrak{A}$, $\mathfrak{B}$ (in Zeichen: $\mathfrak{A} \simeq \mathfrak{B}$ oder statt $\simeq$ auch $\underset{\leftrightarrow}{\sim}$, $\approx$) definieren als Existenz eines *Isomorphismus* (einer *isomorphen Abbildung*) f *von* $\mathfrak{A}$ *auf* $\mathfrak{B}$, d. h. einer eineindeutigen Abbildung f von A auf B, so daß für jedes $i \in I$ *Operationstreue* von f in bezug auf ω_i, ψ_i gilt, d. h. für alle n_i-Tupel $(x_1, \ldots, x_{n_i})$ von Elementen $x_\nu \in A (1 \leqq \nu \leqq n_i)$:

$$f(\omega_i(x_1, \ldots, x_{n_i})) = \psi_i(f(x_1), \ldots, f(x_{n_i})),$$

bzw. daß für jedes $i \in I$ *Relationstreue* von f in bezug auf ϱ_i, σ_i gilt, d. h.:

$$\varrho_i[x_1, \ldots, x_{n_i}] \leftrightarrow \sigma_i[f(x_1), \ldots, f(x_{n_i})];$$

$\mathfrak{B}$ heißt dann auch das *isomorphe Bild* von $\mathfrak{A}$ bzgl. f.

In Abschwächung der Isomorphie definiert man die für Strukturtheorien ebenso fundamentale *Homomorphie* typengleicher universeller Algebren $\mathfrak{A}$, $\mathfrak{B}$ bzw. typengleicher Relationengebilde $\mathfrak{A}$, $\mathfrak{B}$ (in Zeichen: $\mathfrak{A} \underset{\rightarrow}{\sim} \mathfrak{B}$) als Existenz eines *Homomorphismus* (einer *homomorphen Abbildung*) *f von $\mathfrak{A}$ auf $\mathfrak{B}$*, d. h. einer eindeutigen Abbildung f von A auf B, so daß für jedes $i \in I$ wieder *Operationstreue* von f in bezug auf ω_i, ψ_i gilt, bzw. daß für jedes $i \in I$ die folgende *Relationstreue* von f in bezug auf ϱ_i, σ_i gilt:

$$\varrho_i[x_1, \ldots, x_{n_i}] \rightarrow \sigma_i[f(x_1), \ldots, f(x_{n_i})];$$

$\mathfrak{B}$ heißt dann auch ein *homomorphes Bild* von $\mathfrak{A}$ bzgl. f. Man spricht (sowohl bei universellen Algebren als auch bei Relationengebilden) von einem *Isomorphismus* bzw. *Homomorphismus f von $\mathfrak{A}$ in $\mathfrak{B}$*, falls nur $W(f) \subseteq B$ gilt statt $W(f) = B$; im Falle $\mathfrak{A} = \mathfrak{B}$ nennt man die isomorphen bzw. homomorphen Abbildungen von $\mathfrak{A}$ auf $\mathfrak{A}$ auch *Automorphismen* bzw. *Autohomomorphismen* von $\mathfrak{A}$ und die isomorphen bzw. homomorphen Abbildungen von $\mathfrak{A}$ in $\mathfrak{A}$ auch *Meromorphismen* bzw. *Endomorphismen* von $\mathfrak{A}$.

Da die n-stelligen Operationen in einer Menge A gleichzeitig $(n + 1)$-stellige Relationen in A sind, ist jede universelle Algebra auch ein Relationengebilde, so daß letztere den umfassenderen Begriff darstellen und die gemischten Strukturen (einige ϱ_i sind Operationen in A, einige ϱ_i sind Relationen in A) mit beinhalten. (Oft läßt man bei universellen Algebren $\mathfrak{A}$ auch 0-*stellige* (0-*äre*) *Operationen* (*Verknüpfungen*) ω_i *in* A zu, das sind einfach Elemente von A; als Relationen aufgefaßt, sind dies dann 1-stellige Relationen ϱ_i in A, welche aus genau einem Element bestehen, nämlich $\varrho_i = \{\omega_i\} \subseteq A$.)

In der Regel belegt man eine universelle Algebra $\mathfrak{A}$ bzw. ein Relationengebilde $\mathfrak{A}$ mit den Eigenschaften und Begriffen der Trägermenge A von $\mathfrak{A}$. So nennt man etwa die Elemente und Untermengen von A die *Elemente* und *Untermengen* (*Teilmengen*) von $\mathfrak{A}$, nennt $\mathfrak{A}$ *endlich* (*finit*) bzw. *unendlich* (*transfinit*), wenn A diese Eigenschaft besitzt, nennt die Elementeanzahl von A die *Elementeanzahl* von $\mathfrak{A}$, nennt bei zwei vorgegebenen Strukturen $\mathfrak{A}$, $\mathfrak{B}$ Abbildungen zwischen ihren Trägern A, B auch *Abbildungen* zwischen $\mathfrak{A}$, $\mathfrak{B}$ usw.

4. Durch eine Relation geregelte Mengen. Die uns interessierenden Ordnungsstrukturen $\mathfrak{A} = (A, R)$ gehören zu den denkbar einfachsten Relationengebilden $\mathfrak{R} = (A, (\varrho_i)_{i\in I}, (n_i)_{i\in I})$, nämlich $I = \{1\}$, $n_1 = 2$. Bei festen $I = \{1\}$ und $n_1 = 2$ entsprechen natürlich diese Relationengebilde $\mathfrak{R}$ umkehrbar eindeutig den Paaren $\mathfrak{A} = (A, R)$, wo R eine Relation in A ist, so daß es genügt, die Paare $\mathfrak{A}$ zu betrachten. Wir erklären mit den nächsten beiden Definitionen in Spezialisierung der allgemeinen Ausführungen über Relationengebilde die für unsere Zwecke wichtigen Begriffe.

Definition 1. Ist A eine Menge und R eine (binäre) Relation in A, so heißt das Paar (A, R) die *durch die Relation R geregelte* (oder *strukturierte*) *Menge A*. Eine Menge $\mathfrak{A}$ ist eine *durch eine Relation geregelte* (*strukturierte*) *Menge*, wenn es eine Menge A und eine Relation R in A gibt mit $\mathfrak{A} = (A, R)$. Für jede durch eine Relation geregelte Menge $\mathfrak{A} = (A, R)$ heißt A der *Träger* (die *Trägermenge*, *Grundmenge*) und R die (*definierende*) *Relation* von $\mathfrak{A}$; die Elemente und Untermengen von A heißen die *Elemente* und *Untermengen* (*Teilmengen*) von $\mathfrak{A}$, $\mathfrak{A}$ heißt *endlich* (*finit*) bzw. *unendlich* (*transfinit*), falls A endlich bzw. unendlich ist. ∎

Definition 2. $\mathfrak{A} = (A, R)$ und $\mathfrak{B} = (B, S)$ seien durch eine Relation geregelte Mengen: Eine Abbildung f heißt ein *Isomorphismus* (eine *isomorphe Abbildung*) von $\mathfrak{A}$ auf $\mathfrak{B}$ – auch: ... von A auf B bzgl. R, S –, falls f eine eineindeutige Abbildung von A auf B ist mit für alle $x, y \in A$:

$$xRy \leftrightarrow f(x)Sf(y)$$

(*Relationstreue* von f bzgl. R, S).

$\mathfrak{A}$ ist *isomorph* mit $\mathfrak{B}$, in Zeichen: $\mathfrak{A} \simeq \mathfrak{B}$ (gelesen: $\mathfrak{A}$ *isomorph* $\mathfrak{B}$), falls es einen Isomorphismus von $\mathfrak{A}$ auf $\mathfrak{B}$ gibt; $\mathfrak{A} \underset{f}{\simeq} \mathfrak{B}$ (gelesen: $\mathfrak{A}$ *isomorph* $\mathfrak{B}$ *mittels* f), falls f ein Isomorphismus von $\mathfrak{A}$ auf $\mathfrak{B}$ ist. ∎

Gelegentlich verwendet man in Definition 2 für „isomorph" und „Isomorphismus" synonym auch *ähnlich* und *Ähnlichkeitsabbildung*. In der Ordnungstheorie sind neben Isomorphismen auch homomorphe Abbildungen von Wichtigkeit, doch nennt man sie vorwiegend monotone Funktionen, so daß wir auf den Terminus „homomorph" verzichten können.

Satz 1. *Für durch eine Relation geregelte Mengen* $\mathfrak{A} = (A, R)$, $\mathfrak{B} = (B, S)$, $\mathfrak{C} = (C, T)$ *und Abbildungen* f, g *gilt*:

$$(A, R) \underset{\mathrm{Id}_A}{\simeq} (A, R),$$

$$(A, R) \underset{f}{\simeq} (B, S) \to (B, S) \underset{f^{-1}}{\simeq} (A, R),$$

$$(A, R) \underset{f}{\simeq} (B, S) \wedge (B, S) \underset{g}{\simeq} (C, T) \to (A, R) \underset{g \circ f}{\simeq} (C, T);$$

$$\mathfrak{A} \simeq \mathfrak{A} \qquad (\textit{Reflexivität}),$$

$$\mathfrak{A} \simeq \mathfrak{B} \to \mathfrak{B} \simeq \mathfrak{A} \qquad (\textit{Symmetrie}),$$

$$\mathfrak{A} \simeq \mathfrak{B} \wedge \mathfrak{B} \simeq \mathfrak{C} \to \mathfrak{A} \simeq \mathfrak{C} \qquad (\textit{Transitivität}).$$

Beweis. Aus den Definitionen. ∎

Wie die Gleichmächtigkeit $\sim$ eine Äquivalenzrelation im Bereich aller Mengen bildet (vgl. Bd. II, § 6), so bildet die Isomorphie nach Satz 1 eine Äquivalenzrelation im Bereich aller durch eine Relation geregelten Mengen. Exakt bedeutet dies, daß für jedes Mengensystem $\mathfrak{M}$ durch eine Relation geregelter Mengen die Relation

$$\mathfrak{R} = \{(X, Y) \in \mathfrak{M}^2 \mid X \simeq Y\}$$

eine Äquivalenzrelation in $\mathfrak{M}$ ist.

Satz 2. *Für durch eine Relation geregelte Mengen* (A, R), (B, S), *Abbildungen* f *und Teilmengen* $X \subseteq A$ *gilt:*

$$\begin{aligned}
&(A, R) \underset{f}{\simeq} (B, S) \to A \underset{f}{\sim} B,\\
&A \underset{f}{\sim} B \wedge S = \{(x, y) \in B^2 \mid f^{-1}(x) R f^{-1}(y)\} \to\\
&(A, R) \underset{f}{\simeq} (B, S),\\
&(A, R) \underset{f}{\simeq} (B, S) \to (X, R \parallel X) \underset{f|X}{\simeq} (f\langle X\rangle, S \parallel f\langle X\rangle),\\
&(A, R) \underset{f}{\simeq} (B, S) \to (A, R^{-1}) \underset{f}{\simeq} (B, S^{-1}).
\end{aligned}$$

Beweis. Aus den Definitionen. ∎

Gemäß der Bedeutung der Isomorphie als Strukturtypgleichheit gilt im Hinblick auf Äquivalenzrelationen der

Satz 3. *Für durch eine Relation geregelte Mengen* (A, R), (B, S) *gilt unter der Voraussetzung* $(A, R) \simeq (B, S)$:

$$R \textit{ Äquivalenzrelation in } A \leftrightarrow S \textit{ Äquivalenzrelation in } B.$$

Beweis. Sei $(A, R) \simeq (B, S)$ und R eine Äquivalenzrelation in A. Es existiert dann ein Isomorphismus f von (A, R) auf (B, S), d. h. eine eineindeutige Abbildung f von A auf B mit für alle $x, y \in A$:

$$xRy \leftrightarrow f(x) S f(y). \qquad (+)$$

Sind weiterhin a', b', c' Elemente aus B, so sind

$$a = f^{-1}(a'), \quad b = f^{-1}(b'), \quad c = f^{-1}(c')$$

Elemente aus A mit den Eigenschaften:

$$a' = f(a), \qquad b' = f(b), \qquad c' = f(c),$$
$$aRa, \qquad aRb \to bRa,$$
$$aRb \wedge bRc \to aRc.$$

Hieraus folgt über (+):

$$a'Sa', \qquad a'Sb' \to b'Sa',$$
$$a'Sb' \wedge b'Sc' \to a'Sc'.$$

Also ist S eine Äquivalenzrelation in B. Mit $(A, R) \simeq (B, S)$ ist nach Satz 1 $(B, S) \simeq (A, R)$, womit nach dem eben Bewiesenen auch die Umkehrung gilt: Ist S Äquivalenzrelation in B, so ist R Äquivalenzrelation in A. ∎

5. Pfeildiagramme. Für den Umgang mit durch eine Relation R geregelten endlichen Mengen A ist das Zeichnen von *Pfeildiagrammen* von großem anschaulichen Wert: Man ordne (im anschaulichen Sinne) den Elementen $a, b, c, \ldots$ von A umkehrbar eindeutig darstellende Punkte $P_a, P_b, P_c, \ldots$ (die man auch einfach wieder mit $a, b, c, \ldots$ bezeichnet) der Zeichenebene zu, und verbinde Punkte P_x, P_y durch einen (nicht notwendig geradlinigen) Pfeil von P_x nach P_y genau dann, wenn x und y in der Relation R stehen; dabei sei ein Pfeil von P_x nach P_x eine Schlinge (ein Rückkehrpfeil) an P_x. Ist als Beispiel

$$A = \{a, b, c, d, e\}$$

eine Menge von fünf Elementen und

$$R = \{(a, b), (b, c), (c, d), (d, a),$$
$$(b, d), (d, b), (a, a), (c, c)\},$$

so kann man etwa folgendes Pfeildiagramm der Relation R in A zeichnen:

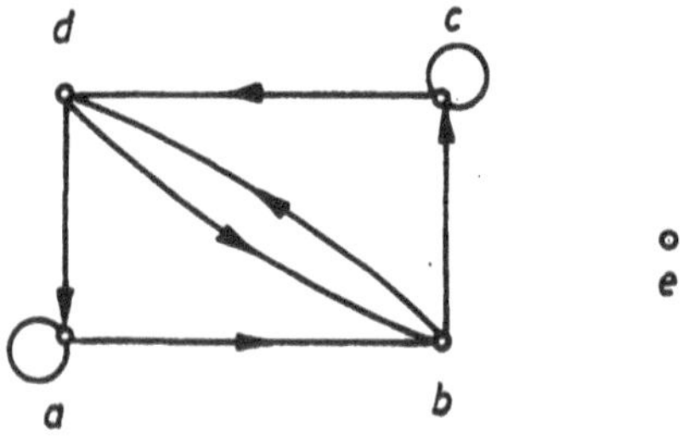

Da Abbildungen und Funktionen F Relationen in $A = \text{Fd}\, F$ sind, lassen sie sich gleichfalls durch Pfeildiagramme veranschaulichen, sofern A endlich ist. Speziell für Ordnungen lernen wir in § 2 eine weitere Veranschaulichungsmöglichkeit durch HASSE-Diagramme kennen.

6. Zusammenfassung der Begriffe. R sei eine Relation in A, S eine Relation in B, $\mathfrak{A} = (A, R)$, $\mathfrak{B} = (B, S)$, und f sei eine Abbildung:

(*Die durch die Relation R geregelte Menge A*) $= (A, R)$,
f Isomorphismus von $\mathfrak{A}$ auf $\mathfrak{B}$ $\leftrightarrow$ f eineindeutige Abbildung von A auf B mit für alle $x, y \in A$:

$$xRy \leftrightarrow f(x)Sf(y),$$

$\mathfrak{A} \simeq \mathfrak{B} \leftrightarrow \exists g$(*$g$ Isomorphismus von $\mathfrak{A}$ auf $\mathfrak{B}$*);

$\mathfrak{A} \underset{f}{\simeq} \mathfrak{B} \leftrightarrow$ *f Isomorphismus von $\mathfrak{A}$ auf $\mathfrak{B}$.*

§ 2. Ordnungen

1. Definition und Beispiele. Es sei an Definition 1, Bd. II, § 6 erinnert, wo die Begriffe der reflexiven, symmetrischen und transitiven Relation erklärt wurden.

Definition 1. R sei eine Relation und A eine Menge:

R ist *irreflexiv* $\leftrightarrow \forall x \neg xRx$,

R ist *antisymmetrisch* (oder *identitiv*) $\leftrightarrow$
$$\forall x \forall y (xRy \wedge yRx \rightarrow x = y),$$

R ist *asymmetrisch* $\leftrightarrow \forall x \forall y\, (xRy \rightarrow \neg yRx)$;

R ist eine (*reflexive*) *Ordnung in A*, falls R reflexiv in A, transitiv und antisymmetrisch ist; R ist eine (*reflexive*) *Ordnung*, falls es eine Menge X gibt, so daß R eine Ordnung in X ist; R ist eine *irreflexive* (oder *strikte*) *Ordnung*, falls R irreflexiv, transitiv und asymmetrisch ist; R ist eine *irreflexive* (oder *strikte*) *Ordnung in A*, falls $R \subseteq A \times A$ und R eine irreflexive Ordnung ist. ∎

Für „Ordnung" sagt man in der Literatur oft auch *Halbordnung* oder *partielle* (auch *teilweise*) *Ordnung* (jeweils wieder mit dem Zusatz „reflexiv" bzw. „irreflexiv"). Wir verwenden nach Bourbaki ausschließlich die Terminologie von Definition 1. Reflexive und irreflexive Ordnungen seien gemeinsam die *Ordnungsrelationen*.

Man beachte (vgl. Bd. II, § 6, Abschn. 1), daß zu einer reflexiven Relation R in einer Menge A, also auch zu einer Ordnung R in A, die Menge A eindeutig bestimmt ist durch
$$A = \mathrm{Vb}\, R = \mathrm{Nb}\, R = \mathrm{Fd}\, R.$$

Dagegen ist eine irreflexive Ordnung R eine irreflexive Ordnung in jeder Obermenge A von $\mathrm{Fd}\, R$. Für Relationen R in A ist nach Definition 1 R eine Ordnung in A genau dann, wenn für alle $a, b, c \in A$ gilt:

(1) aRa (*Reflexivität*),

(2) $aRb \wedge bRc \rightarrow aRc$ (*Transitivität*),

(3) $aRb \wedge bRa \rightarrow a = b$ (*Antisymmetrie*);

R ist eine irreflexive Ordnung in A genau dann, wenn für alle $a, b, c \in A$ gilt:

$$(1') \quad \neg\, aRa \qquad (\textit{Irreflexivität}),$$
$$(2') \quad aRb \wedge bRc \to aRc \qquad (\textit{Transitivität}),$$
$$(3') \quad aRb \to \neg\, bRa \qquad (\textit{Asymmetrie}).$$

Die Forderungen (1)—(3) heißen die *Ordnungsaxiome* oder die *Axiome der (reflexiven) Ordnung*, die Forderungen (1′)—(3′) die *Axiome der irreflexiven Ordnung*. Da eine transitive Relation genau dann irreflexiv ist, wenn sie asymmetrisch ist, ist Axiom (3′) entbehrlich; (3′) folgt aus (1′) und (2′) (irreflexive Vorordnung in A). Dagegen folgt (3) nicht aus (1) und (2), wie das Beispiel $A = \{a, b\}$ (bei $a \neq b$) und

$$R = \{(a, b), (b, a), (a, a), (b, b)\}$$

zeigt. (1) und (3) könnte man zusammenziehen zu der einen gleichwertigen Forderung

$$aRb \wedge bRa \leftrightarrow a = b$$

und (1′) und (3′) zu der Forderung, daß von den Fällen

$$aRb, \qquad a = b, \qquad bRa$$

stets höchstens einer eintritt.

Zwischen reflexiven und irreflexiven Ordnungen in einer Menge A besteht unter Vermittlung der Identität Id_A ein derart enger Zusammenhang (vgl. Satz 1), daß reflexive wie irreflexive Ordnungen zu derselben Theorie führen. Dieser Zusammenhang geht letzten Endes zurück auf die einfache Feststellung, daß für eine Relation R in A gilt:

$$R \cup \mathrm{Id}_A \textit{ reflexiv}, \qquad R \setminus \mathrm{Id}_A \textit{ irreflexiv}.$$

Man hat dann nämlich den

Satz 1. *Für Mengen A, die Mengen $\mathfrak{R}$, $\mathfrak{R}'$ der reflexiven bzw. irreflexiven Relationen in A und die Mengen $\mathfrak{S}$, $\mathfrak{S}'$ der reflexiven bzw. irreflexiven Ordnungen in A gilt:*

a) *Die Funktion F über $\mathfrak{R}$ bzw. F' über $\mathfrak{R}'$, welche jeder reflexiven bzw. irreflexiven Relation R in A die Relation*

$$F(R) = R \setminus \mathrm{Id}_A \quad \textit{bzw.} \quad F'(R) = R \cup \mathrm{Id}_A$$

zuordnet, ist eine Bijektion von $\mathfrak{R}$ nach $\mathfrak{R}'$ bzw. von $\mathfrak{R}'$ nach $\mathfrak{R}$, und F, F' sind Umkehrfunktionen voneinander, d. h.

$$F' \circ F = \mathrm{Id}_{\mathfrak{R}}, \qquad F \circ F' = \mathrm{Id}_{\mathfrak{R}'}.$$

b) *Die Funktion G über $\mathfrak{S}$ bzw. G' über $\mathfrak{S}'$, welche jeder reflexiven bzw. irreflexiven Ordnung R in A die Relation*

$$G(R) = R \setminus \mathrm{Id}_A \quad \textit{bzw.} \quad G'(R) = R \cup \mathrm{Id}_A$$

zuordnet, ist eine Bijektion von $\mathfrak{S}$ nach $\mathfrak{S}'$ bzw. von $\mathfrak{S}'$ nach $\mathfrak{S}$, und G, G' sind Umkehrfunktionen voneinander, d. h.

$$G' \circ G = \mathrm{Id}_{\mathfrak{S}}, \qquad G \circ G' = \mathrm{Id}_{\mathfrak{S}'}.$$

Beweis. a) F ist eine Funktion von $\mathfrak{R}$ in $\mathfrak{R}'$ und F' eine Funktion von $\mathfrak{R}'$ in $\mathfrak{R}$. Für jede reflexive Relation R in A gilt

$$(R \setminus \mathrm{Id}_A) \cup \mathrm{Id}_A = R \quad \text{bzw.} \quad (R \cup \mathrm{Id}_A) \setminus \mathrm{Id}_A = R,$$

also

$$F'(F(R)) = R \quad \text{bzw.} \quad F(F'(R)) = R,$$

woraus

$$F' \circ F = \mathrm{Id}_{\mathfrak{R}}, \qquad F \circ F' = \mathrm{Id}_{\mathfrak{R}'}$$

folgt. Damit sind F, F' nach Satz 4, Bd. II, § 3 auch gewünschte Bijektionen und Umkehrfunktionen voneinander.

b) G ist eine Funktion von $\mathfrak{S}$ in $\mathfrak{S}'$ und G' eine Funktion von $\mathfrak{S}'$ in $\mathfrak{S}$. Es gilt wieder

$$G' \circ G = \mathrm{Id}_{\mathfrak{S}}, \qquad G \circ G' = \mathrm{Id}_{\mathfrak{S}'},$$

woraus alle Behauptungen wie unter a) folgen. ∎

Satz 1 b) präzisiert den Zusammenhang zwischen reflexiven und irreflexiven Ordnungen in einer Menge A

als gegenseitige Definierbarkeit: Aus einer reflexiven Ordnung R in A erhält man die *zu R gehörige irreflexive Ordnung* $R' = R \setminus \mathrm{Id}_A$ als diejenige Relation R' in A mit für alle $x, y \in A$:

$$xR'y \leftrightarrow xRy \wedge x \neq y;$$

aus einer irreflexiven Ordnung R in A erhält man die *zu R gehörige reflexive Ordnung* $R^* = R \cup \mathrm{Id}_A$ als diejenige Relation R^* in A mit für alle $x, y \in A$:

$$xR^*y \leftrightarrow xRy \vee x = y.$$

Auf Grund dieser einfachen dualen Konstruktionen entsprechen sich reflexive und irreflexive Ordnungen in A einander umkehrbar eindeutig:

$$(R')^* = R \quad \text{bzw.} \quad (R^*)' = R.$$

Beim Studium von Ordnungsrelationen zwischen den Elementen einer Menge A – vgl. etwa die Beziehungen $\leqq$, $<$ in den einzelnen Zahlbereichen (Bd. II, § 8) – kommen stets die beiden einander zugehörigen Arten (reflexive und irreflexive) gleichzeitig ins Spiel, da sie sich nur durch die Identität als trivialen Bestandteil unterscheiden. Es ist aber offenbar gleichgültig, ob man primär reflexive Ordnungen R in A einführt und aus deren Axiomen sekundär die Eigenschaften der mittels R definierten zugehörigen irreflexiven Ordnungen S ableitet, oder ob man umgekehrt primär irreflexive Ordnungen S in A einführt und aus deren Axiomen sekundär die Eigenschaften der mittels S definierten zugehörigen reflexiven Ordnungen R ableitet. Beide Wege sind gleichwertige Betrachtungsweisen zur Untersuchung der Relationenpaare (R, S) und führen zu denselben Resultaten über R, S. In diesem Sinne ergeben reflexive wie irreflexive Ordnungen dieselbe Theorie. Wir beschreiten den ersten Weg und ziehen somit von Abschn. 2 an die reflexiven Ordnungsbeziehungen den irreflexiven vor, da sich erfahrungsgemäß mit den reflexiven beweistechnisch besser rechnen läßt als mit den irreflexiven.

Die bei der Formulierung der reflexiven und irreflexiven Ordnungen auftretenden Grundbegriffe lassen sich noch folgendermaßen charakterisieren:

Satz 2. *Für Mengen A und Relationen R gilt:*

$$
\begin{aligned}
R \textit{ reflexiv in } A &\leftrightarrow \mathrm{Id}_A \subseteq R \subseteq A \times A\,,\\
R \textit{ irreflexiv} &\leftrightarrow R \cap \mathrm{Id}_{\mathrm{Fd}\,R} = \emptyset\,,\\
R \textit{ transitiv} &\leftrightarrow R \circ R \subseteq R\,,\\
R \textit{ symmetrisch} &\leftrightarrow R \subseteq R^{-1} \leftrightarrow R = R^{-1},\\
R \textit{ antisymmetrisch} &\leftrightarrow R \cap R^{-1} \subseteq \mathrm{Id}_{\mathrm{Fd}\,R}\,,\\
R \textit{ asymmetrisch} &\leftrightarrow R \cap R^{-1} = \emptyset\,,\\
R \textit{ Äquivalenzrelation in } A &\leftrightarrow \mathrm{Id}_A \subseteq R \subseteq A \times A\\
&\qquad \wedge R \circ R^{-1} \circ R = R\,,\\
R \textit{ Ordnung in } A &\leftrightarrow R \subseteq A \times A \wedge R \circ R = R\\
&\qquad \wedge R \cap R^{-1} = \mathrm{Id}_A\,,\\
R \textit{ irreflexive Ordnung in } A &\leftrightarrow R \subseteq A \times A \wedge R \circ R \subseteq R\\
&\qquad \wedge R \cap \mathrm{Id}_A = \emptyset\,.
\end{aligned}
$$

Beweis. Aus den Definitionen. ∎

Satz 3. *Für Mengen A und Relationen R gilt:*

$$
\begin{aligned}
R \textit{ reflexiv in } A &\leftrightarrow R^{-1} \textit{ reflexiv in } A\,,\\
R \textit{ irreflexiv} &\leftrightarrow R^{-1} \textit{ irreflexiv}\,,\\
R \textit{ transitiv} &\leftrightarrow R^{-1} \textit{ transitiv}\,,\\
R \textit{ symmetrisch} &\leftrightarrow R^{-1} \textit{ symmetrisch}\,,\\
R \textit{ antisymmetrisch} &\leftrightarrow R^{-1} \textit{ antisymmetrisch}\,,\\
R \textit{ asymmetrisch} &\leftrightarrow R^{-1} \textit{ asymmetrisch}\,,\\
R \textit{ Äquivalenzrelation in } A &\leftrightarrow R^{-1} \textit{ Äquivalenzrelation in } A\,,\\
R \textit{ Ordnung in } A &\leftrightarrow R^{-1} \textit{ Ordnung in } A,\\
R \textit{ irreflexive Ordnung in } A &\leftrightarrow R^{-1} \textit{ irreflexive Ordnung in } A\,.
\end{aligned}
$$

Beweis. Aus den Definitionen. ∎

Beispiele für Ordnungsrelationen:

(1) Ist A eine der Zahlenmengen $\boldsymbol{N}, \boldsymbol{Z}, \boldsymbol{Q}, \boldsymbol{R}$ (vgl. Bd. II, § 8), so ist die übliche Kleinergleichbeziehung $\leqq$ bzw. Kleinerbeziehung $<$ eine reflexive bzw. irreflexive Ordnung in A. Genauer bedeutet dies (sofern $\leqq$, $<$ nicht schon von vornherein die Bedeutung von Relationen haben), daß die Relation R bzw. S in A mit für jedes x, $y \in A$:

$$xRy \leftrightarrow x \leqq y \quad \text{bzw.} \quad xSy \leftrightarrow x < y$$

eine reflexive bzw. irreflexive Ordnung in A ist. S ist dabei die zu R gehörige irreflexive Ordnung und R die zu S gehörige reflexive Ordnung.

(2) $\sqsubset$ bildet nach Satz 1, Bd. I, § 4 eine irreflexive Ordnung im Bereich aller Objekte. $\sqsubseteq$ bildet nach den Sätzen 1, Bd. I, § 4 und 3c), 12c), Bd. I, § 5 eine reflexive Ordnung im Bereich aller Allmengen und im Bereich aller Stufen. Exakt bedeutet dies, daß für jede Menge M die Relation

$$S = \{(x, y) \in M^2 \mid x \sqsubset y\}$$

eine irreflexive Ordnung in M ist und daß für jedes System $\mathfrak{M}$ von Allmengen bzw. Stufen die Relation

$$R = \{(X, Y) \in \mathfrak{M}^2 \mid X \sqsubseteq Y\}$$

eine reflexive Ordnung in $\mathfrak{M}$ ist. Im Falle $M = \mathfrak{M}$ sind R, S wieder einander zugehörige Ordnungsrelationen.

(3) $\subseteq$ bzw. $\subset$ bildet nach Satz 6, Bd. I, § 4 eine reflexive bzw. irreflexive Ordnung im Bereich aller Mengen. Für jedes Mengensystem $\mathfrak{M}$ ist also die Relation

$$R = \{(X, Y) \in \mathfrak{M}^2 \mid X \subseteq Y\}$$

bzw.

$$S = \{(X, Y) \in \mathfrak{M}^2 \mid X \subset Y\}$$

eine reflexive bzw. irreflexive Ordnung in $\mathfrak{M}$. R und S sind einander zugehörige Ordnungsrelationen.

(4) In $\boldsymbol{N}$ ist die Relation

$$m \text{ ist ein Teiler von } n,$$

d. h.

$$R = \{(m, n) \in \boldsymbol{N}^2 \mid \exists x(x \in \boldsymbol{N} \wedge m \cdot x = n)\},$$

eine reflexive Ordnung.

(5) Für fest gegebene Mengen A, B sei

$$\mathfrak{F} = \{f \mid f \text{ Abbildung aus } A \text{ in } B\} = \mathfrak{P}(A \times B).$$

Dann ist in $\mathfrak{F}$ die Relation

$$g \text{ ist eine Fortsetzung von } f,$$

d. h. (vgl. Definition 11, Bd. II, § 2)

$$R = \{(f, g) \in \mathfrak{F}^2 \mid \quad f = g \mid D(f)\},$$

eine reflexive Ordnung. Wählt man als $\mathfrak{F}$ die Menge aller Funktionen f aus A in B, so fällt die Fortsetzungsrelation zusammen mit der Inklusion

$$R = \{(f, g) \in \mathfrak{F}^2 \mid f \subseteq g\}$$

und ist nach Beispiel (3) oder (8) wieder eine reflexive Ordnung in $\mathfrak{F}$. Dasselbe gilt für die Menge $\mathfrak{F}$ aller umkehrbaren Funktionen f aus A in B.

(6) Für eine Menge A sei $\mathfrak{Z}$ die Menge der Zerlegungen von A (vgl. Definition 7, Bd. I, § 5). Dann ist in $\mathfrak{Z}$ die Relation

$$Z \text{ ist feiner als } Z',$$

d. h.

$$\mathfrak{R} = \{(Z, Z') \in \mathfrak{Z}^2 \mid \forall X \exists Y(X \in Z \to X \subseteq Y \in Z')\},$$

eine reflexive Ordnung. Denn sind R, R' die zu Z, Z' gehörigen Äquivalenzrelationen in A (vgl. Bd. II, § 6, Abschn. 3), so ist Z feiner als Z' genau dann, wenn $R \subseteq R'$ ist (vgl. Definition 4, Bd. II, §. 6).

(7) Ist T eine Relation in A, so ist die Relation

$$S = \{(x, y) \in A^2 \mid T\langle\langle y\rangle\rangle \subseteq T\langle\langle x\rangle\rangle\}$$

(vgl. Definition 6, Bd. II, § 2) reflexiv und transitiv in A (eine reflexive Vorordnung in A). Ist S irgendeine reflexive und transitive Relation in einer Menge A, so ist die Relation R in A mit für alle $x, y \in A$:

$$xRy \leftrightarrow xSy \wedge ySx$$

eine Äquivalenzrelation in A und die Relation S' im Quotienten A / R mit für alle $X, Y \in A / R$:

$$XS'Y \leftrightarrow \exists x\, \exists y(x \in X \wedge y \in Y \wedge xSy)$$

oder gleichwertig

$$XS'Y \leftrightarrow \forall x\, \forall y(x \in X \wedge y \in Y \rightarrow xSy)$$

eine reflexive Ordnung in A / R.

(8) Ist R eine reflexive bzw. irreflexive Ordnung in A und $U \subseteq A$, so ist die auf U eingeschränkte Relation

$$R' = R \,\|\, U = R \cap (U \times U)$$

wieder eine reflexive bzw. irreflexive Ordnung in U, die *durch R in U induzierte (reflexive) Ordnung* bzw. *irreflexive Ordnung*. Nach Satz 3 ist R^{-1} eine reflexive bzw. irreflexive Ordnung in A, die zu R *duale (reflexive) Ordnung* bzw. *duale irreflexive Ordnung*. Die Beispiele (1) und (3) liefern damit gleichzeitig die reflexiven Ordnungen $\geqq$ und $\supseteq$ bzw. die irreflexiven Ordnungen $>$ und $\supset$.

(9) In jeder Menge A ist Id_A eine reflexive und $\emptyset$ eine irreflexive Ordnung. Id_A ist die einzige Ordnung in A, welche gleichzeitig Äquivalenzrelation in A ist.

2. Ordnungsschreibweise. Die Anordnungsbeziehungen $\leqq$ und $<$ in den einzelnen Zahlbereichen (vgl. Beispiel (1), Abschn. 1) sind Standardbeispiele für Ordnungsrelationen, und ihre jedermann geläufigen Symbole $\leqq$, $<$ haben sich deshalb auch als signifikante, den Anordnungscharakter besonders deutlich zum Ausdruck bringende *Ordnungsschreibweise* für beliebige Ordnungsrelationen eingebürgert. Dies wollen wir jetzt präzisieren, wobei nach Verabredung die reflexiven Relationen im Vordergrund stehen.

Definition 2. Ist R eine (reflexive) Ordnung in A, so sei:

$\underset{R}{\leqq}$ (gelesen: *kleinergleich bzgl. R*) $= R$,

$\underset{R}{<}$ (gelesen: *kleiner bzgl. R*) $= R \setminus \mathrm{Id}_A$,

$\underset{R}{\geqq}$ (gelesen: *größergleich bzgl. R*) $= \left(\underset{R}{\leqq}\right)^{-1}$,

$\underset{R}{>}$ (gelesen: *größer bzgl. R*) $= \left(\underset{R}{<}\right)^{-1}$. ∎

Man beachte, daß jede Ordnung R in einer Menge A diese Menge A eindeutig bestimmt, womit auch $\underset{R}{<}$ in Abhängigkeit von R eindeutig definiert ist. Sind keine Verwechslungen zu befürchten, so läßt man in Definition 2 die Indexvariable R unter den Zeichen $\leqq, <, \geqq, >$ auch weg. Neben den Sprechweisen „kleinergleich, kleiner, größergleich, größer" sind auch *kleiner*, *echt* (oder *strikt*) *kleiner*, *größer*, *echt* (oder *strikt*) *größer* gebräuchlich. Wir halten uns an Definition 2.

Für jede Ordnung R in A ist nach Definition 2 $\underset{R}{\leqq}$ die Relation R selbst und nach Satz 1 b) $\underset{R}{<}$ die zu $\underset{R}{\leqq}$ gehörige irreflexive Ordnung in A und $\underset{R}{\leqq}$ die zu $\underset{R}{<}$ gehörige reflexive Ordnung in A, also insgesamt:

$$\underset{R}{\leqq} = \underset{R}{<} \cup \mathrm{Id}_A, \qquad \underset{R}{<} = \underset{R}{\leqq} \setminus \mathrm{Id}_A.$$

Nach Satz 3 ist $\underset{R}{\geqq}$ bzw. $\underset{R}{>}$ eine reflexive bzw. irreflexive Ordnung in A, und beide Ordnungsrelationen sind wieder einander zugehörig, also insgesamt:

$$\underset{R}{\geqq} = \underset{R}{>} \cup \mathrm{Id}_A, \qquad \underset{R}{>} = \underset{R}{\geqq} \setminus \mathrm{Id}_A,$$

$$\underset{R}{\geqq} = R^{-1} = \underset{R^{-1}}{\leqq}, \qquad \underset{R}{>} = R^{-1} \setminus \mathrm{Id}_A = \underset{R^{-1}}{<}.$$

Für Elemente $a, b \in A$ besagen Definition 2 und Folgerungen:

$$aRb \leftrightarrow a \underset{R}{\leqq} b \leftrightarrow a \underset{R}{<} b \vee a = b,$$

$$a \underset{R}{<} b \leftrightarrow a \underset{R}{\leqq} b \wedge a \neq b,$$

$$a \underset{R^{-1}}{\leqq} b \leftrightarrow b \underset{R}{\leqq} a \leftrightarrow a \underset{R}{\geqq} b \leftrightarrow a \underset{R}{>} b \vee a = b,$$

$$a \underset{R^{-1}}{<} b \leftrightarrow b \underset{R}{<} a \leftrightarrow a \underset{R}{>} b \leftrightarrow a \underset{R}{\geqq} b \wedge a \neq b.$$

Die Ordnungsaxiome ergeben mit der neuen Schreibweise und als strukturelle Grundlage der Ordnungstheorie den

Satz 4. *Für Mengen A, Ordnungen R in A und beliebige Elemente $a, b, c \in A$ gilt:*

$$a \leqq b \leftrightarrow a < b \vee a = b, \qquad a < b \leftrightarrow a \leqq b \wedge a \neq b,$$

$$\begin{array}{ll} a \leqq a & (\textit{Reflexivität}), \\ a \leqq b \wedge b \leqq c \rightarrow a \leqq c & (\textit{Transitivität}), \\ a \leqq b \wedge b \leqq a \rightarrow a = b & (\textit{Antisymmetrie}), \end{array}$$

$$\begin{array}{ll} a \nless a & (\textit{Irreflexivität}), \\ a < b \wedge b < c \rightarrow a < c & (\textit{Transitivität}), \\ a < b \rightarrow b \nless a & (\textit{Asymmetrie}), \end{array}$$

$$a < b \leqq c \vee a \leqq b < c \rightarrow a < c,$$

$$a < b \rightarrow b \nleqq a, \qquad a \leqq b \rightarrow b \nless a.$$

Beweis. Aus den Definitionen 1 und 2. ∎

Die Formulierung von Satz 4 überzeugt von der Anschaulichkeit der Ordnungsschreibweise, hat man doch jetzt die Ordnungsgesetze als Kleinergleich- bzw. Kleinergesetze in derselben Gestalt zur Hand, wie sie vom Zahlenrechnen her geläufig sind. Für eine Ordnung R in A, Elemente $a, b, c \in A$ und Mengen $B \subseteq A$ sagt man naheliegend in bezug auf A, R (wobei man im Falle $B \in A$ auseinanderhalte, ob B als Element oder Teilmenge von A betrachtet wird):

$$a \text{ (liegt) vor } b \leftrightarrow b \text{ (liegt) hinter } a \leftrightarrow a < b,$$

$$a \text{ (liegt) vor } B \leftrightarrow B \text{ (liegt) hinter } a \leftrightarrow \forall x(x \in B \rightarrow a < x),$$

$$B \text{ (liegt) vor } b \leftrightarrow b \text{ (liegt) hinter } B \leftrightarrow \forall x(x \in B \rightarrow x < b).$$

Man gelangt zu derselben Praxis der *Ordnungsschreibweise*, wenn man die Zeichen $\leqq$, $<$, $\geqq$, $>$ (evtl. noch mit Indizes versehen) als *Variable für Objekte* wählt und sie in folgendem Zusammenhang verwendet: Ist $\leqq$ als Objektvariable gewählt und eine Ordnung $\leqq$ in einer Menge A vorgegeben, so seien für die weiteren Betrachtungen über diese Ordnung automatisch auch $<$, $\geqq$, $>$ Objektvariable, und es sei

$$< \; = \; \leqq \setminus \mathrm{Id}_A, \quad \geqq \; = (\leqq)^{-1}, \quad > \; = (<)^{-1},$$

ohne daß man diese Voraussetzungen jedesmal ausdrücklich erwähnt. Je nach Zweckmäßigkeit gebrauche man die ursprüngliche Form der Ordnungsschreibweise (gemäß Definition 2, wobei die Ordnung in A durch Buchstabenvariable bezeichnet wird) oder die Variablenform (wobei die Ordnung in A durch die, evtl. noch indizierte, Variable $\leqq$ bezeichnet wird). Bei Verwendung der Objektvariablen $\leqq$ lautet dann etwa Satz 4: *Für Mengen A, Ordnungen $\leqq$ in A und beliebige Elemente $a, b, c \in A$ gilt*: .... Dabei ist jetzt $<$ ebenfalls Objektvariable, und es besteht stillschweigend die Voraussetzung $< \; = \; \leqq \setminus \mathrm{Id}_A$.

Geht man einmal bei Wahl der Objektvariablen $<$ von einer irreflexiven Ordnung $<$ in einer fest gegebenen

Menge A aus, so seien analog zu den bisherigen Verabredungen für alle weiteren Betrachtungen über diese irreflexive Ordnung $<$ in A automatisch auch $\leqq$, $>$, $\geqq$ Objektvariable, und es sei stets

$$\leqq\ = < \cup \mathrm{Id}_A, \quad > \ = (<)^{-1}, \quad \geqq\ = (\leqq)^{-1}$$

vorausgesetzt, ohne dies jedesmal zu erwähnen.

An Stelle unserer Zeichen $\leqq$, $<$, $\geqq$, $>$ sind in der Literatur für die Ordnungsschreibweise auch andere Zeichen gebräuchlich wie

$$\precsim, \prec, \succsim, \succ; \qquad \subseteq, \subset, \supseteq, \supset; \qquad \sqsubseteq, \sqsubset, \sqsupseteq, \sqsupset.$$

3. Hasse-Diagramme. Für den Umgang mit durch eine Ordnung $\leqq$ geregelten endlichen Mengen A hat man neben den bereits bekannten Pfeildiagrammen (vgl. § 1, Abschn. 5) noch die Möglichkeit der graphischen Veranschaulichung durch *Ordnungsdiagramme*, auch Hasse-*Diagramme* genannt: Man ordne den Elementen $a, b, c, \ldots$ von A umkehrbar eindeutig darstellende Punkte $P_a, P_b, P_c, \ldots$ (die man auch einfach wieder mit $a, b, c, \ldots$ bezeichnet) der Zeichenebene derart zu, daß der Punkt P_x (bei Zulassung seitlicher Verschiebungen) unterhalb des Punktes P_y liegt, sofern $x < y$ ist, und verbinde dann geradlinig genau solche Punkte P_x, P_y, welche in bezug auf $\leqq$ unmittelbare Nachbarn sind, d. h. für welche $x < y$ gilt und es kein z mit $x < z < y$ gibt. Beispiele für Hasse-Diagramme findet man S. 35. Die Grundmengen A_1, A_2, A_3 jener drei Beispiele sind die natürlichzahligen Intervalle

$$A_1 = A_2 = [1, 8], \qquad A_3 = [1, 12],$$

und die Ordnungen $\leqq_1, \leqq_2, \leqq_3$ bestehen jeweils aus allen solchen Paaren (x, y) von Elementen x, y der betreffenden Grundmenge, für welche im Diagramm y durch einen aufsteigenden Weg (Streckenzug) von x aus erreichbar ist (einschließlich des Falles $x = y$).

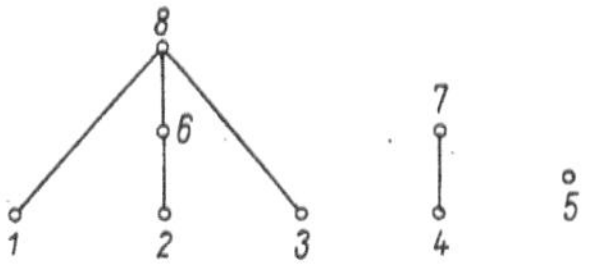

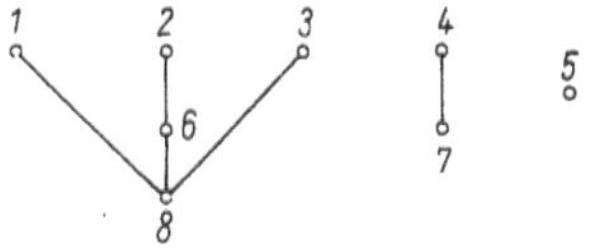

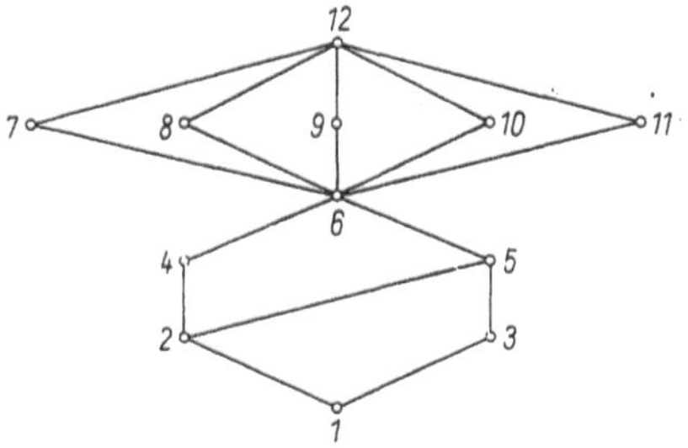

4. Geordnete Mengen, Isomorphie.

Definition 3. Ist A eine Menge und $\leqq$ eine Ordnung in A, so heißt das Paar $(A, \leqq)$ die *durch* $\leqq$ *geordnete Menge* A. Eine Menge $\mathfrak{A}$ ist eine *geordnete Menge*, wenn es eine Menge A und eine Ordnung $\leqq$ in A gibt mit $\mathfrak{A} = (A, \leqq)$. ∎

Geordnete Mengen heißen auch *Ordnungsstrukturen.*

Beispiele für geordnete Mengen liefern sofort die reflexiven Fälle der Beispiele (1)—(9) aus Abschn. 1, wenn man dort jeweils die Grundmengen und Ordnungen zu Paaren zusammenfaßt. Speziell versteht man unter einem *geordneten Mengensystem* ein Paar $(\mathfrak{M}, \subseteq)$, wo $\mathfrak{M}$ ein Mengensystem und $\subseteq$ die Inklusion in $\mathfrak{M}$ ist ($\subseteq$ ist hier Objektvariable); entsprechend ist ein *entgegengesetzt geordnetes Mengensystem* $(\mathfrak{M}, \supseteq)$ definiert. Sind $\mathfrak{A} = (A, R)$ und $\mathfrak{B} = (B, S)$ geordnete Mengen, so heißt $\mathfrak{A}$ eine *geordnete Untermenge* (*geordnete Teilmenge*, eine *Einschränkung*, *Restriktion*, *Relativierung*, *Spur*) von $\mathfrak{B}$ und $\mathfrak{B}$ eine *geordnete Obermenge* (eine *Fortsetzung*, *Erweiterung*, *Ergänzung*) von $\mathfrak{A}$, wenn

$$A \subseteq B \quad \text{und} \quad R = S \parallel A$$

gilt, oder gleichwertig, wenn gilt:

$$R = S \parallel A, \quad \text{also} \quad \forall x \, \forall y (xRy \leftrightarrow x, y \in A \wedge xSy).$$

Man sagt dann auch, daß R eine *Unter-Ordnung* (*Teilordnung*, eine *Einschränkung*, *Restriktion*, *Relativierung*, *Spur*) von S und S eine *Ober-Ordnung* (eine *Fortsetzung*, *Erweiterung*, *Ergänzung*) von R ist. In jedem System $\mathfrak{M}$ geordneter Mengen ist die Relation

$\mathfrak{A}$ *ist eine geordnete Untermenge von* $\mathfrak{B}$

über Satz 8, Bd. II, § 2 eine Ordnung. Für jede geordnete Menge $\mathfrak{A} = (A, \leqq)$ und jede Teilmenge $U \subseteq A$ ist $\mathfrak{U} = (U, \leqq \parallel U)$ eine geordnete Untermenge von $\mathfrak{A}$.

Da nach Satz 3 mit R auch die duale Relation R^{-1} eine Ordnung ist, ergibt sich ein nützliches Dualitätsprinzip der Ordnungstheorie, das ist (kein mengentheoretischer Satz, sondern) die folgende Anleitung zum Auffinden gewisser ordnungstheoretischer Sätze. Ist $\mathbf{H}(A, R)$ ein mengentheoretischer Ausdruck, in dem die Variablen A, R frei vorkommen und der sonst nur gebundene Variablen enthält, so gilt für jede Menge A:

$$\forall R((A, R) \textit{ geordnete Menge} \rightarrow \mathbf{H}(A, R))$$
$$\rightarrow \forall R((A, R) \textit{ geordnete Menge} \rightarrow \mathbf{H}(A, R^{-1})).$$

(Salopp formuliert: Jede wahre ordnungstheoretische Aussage in R bleibt wahr, wenn man in ihr R durch R^{-1} ersetzt). Der Ausdruck $\mathbf{H}(A, R^{-1})$ heißt der zu $\mathbf{H}(A, R)$ *duale Ausdruck*. Er entsteht aus $\mathbf{H}(A, R)$ durch *Dualisierung*,

d. h. dadurch, daß man in $\mathbf{H}(A, R)$ die Variable R überall durch den Term R^{-1} ersetzt. Verwendet man an Stelle der Variablen R in Ordnungsschreibweise die Variable $\leqq$ und im Zusammenhang damit die Variablen $<$, $\geqq$, $>$ (vgl. Abschn. 2), so bedeutet *Dualisierung* von $\mathbf{H}(A, \leqq)$ jetzt sinngemäß ($<$, $\geqq$, $>$ kommen höchstens frei in $\mathbf{H}(A, \leqq)$ vor), daß der *duale Ausdruck* $\mathbf{H}(A, \geqq)$ dadurch entsteht, daß man in $\mathbf{H}(A, \leqq)$ gleichzeitig $\leqq$ durch $\geqq$, $<$ durch $>$, $\geqq$ durch $\leqq$ und $>$ durch $<$ ersetzt. Definiert man zu ordnungstheoretischen Begriffen in bezug auf geordnete Mengen $(A, \leqq)$ (wie etwa „minimales Element von A bzgl. $\leqq$“, vgl. Abschn. 6) die entsprechenden Begriffe in bezug auf $(A, \geqq)$ („minimales Element von A bzgl. $\geqq$“) als die zu den ursprünglichen Begriffen *dualen Begriffe* in bezug auf $(A, \leqq)$ („maximales Element von A bzgl. $\leqq$“), so macht der duale Ausdruck $\mathbf{H}(A, \geqq)$ unter Verwendung dieser dualen Begriffe nachträglich wieder eine Aussage über die ursprüngliche Ordnung $\leqq$. Wir werden fortlaufend solchen Beispielen begegnen.
Man erkennt sofort, daß für jede Relationsgattung, für welche mit R auch R^{-1} zur Gattung gehört, ein obiges Dualitätsprinzip wirksam ist. Speziell erhält man damit ein weiteres Dualitätsprinzip der Ordnungstheorie, wenn man an Stelle geordneter Mengen (A, R) vollgeordnete (A, R) nimmt; denn mit R ist R^{-1} eine Vollordnung (vgl. Satz 2, § 3).

Mit Definition 2, § 1 ist der Isomorphiebegriff auch für geordnete Mengen $\mathfrak{A} = (A, R)$, $\mathfrak{B} = (B, S)$ festgelegt. Eine Abbildung f ist ein Isomorphismus (eine isomorphe Abbildung) von $\mathfrak{A}$ auf $\mathfrak{B}$ — auch: ... von A auf B bzgl. R, S — genau dann, wenn f eine eineindeutige Abbildung von A auf B ist mit für alle $x, y \in A$:

$$x \underset{R}{\leqq} y \leftrightarrow f(x) \underset{S}{\leqq} f(y)$$

(Relationstreue von f bzgl. R, S),

kurz:

$$x \leqq y \leftrightarrow f(x) \leqq f(y).$$

Ein solcher Isomorphismus f von $(A, \underset{R}{\leqq})$ auf $(B, \underset{S}{\leqq})$ ist auf Grund seiner Eineindeutigkeit gleichzeitig Isomorphismus von $(A, \underset{R}{<})$ auf $(B, \underset{S}{<})$, d. h. es gilt auch für alle $x, y \in A$:

$$x < y \leftrightarrow f(x) < f(y).$$

Es ist $\mathfrak{A} \simeq \mathfrak{B}$ ($\mathfrak{A}$ isomorph $\mathfrak{B}$) genau dann, wenn es einen Isomorphismus f von $\mathfrak{A}$ auf $\mathfrak{B}$ gibt; es ist $\mathfrak{A} \underset{f}{\simeq} \mathfrak{B}$ genau dann, wenn f Isomorphismus von $\mathfrak{A}$ auf $\mathfrak{B}$ ist. Neben „Isomorphismus, isomorph, Relationstreue" spricht man bei Ordnungsstrukturen (also geordneten Mengen) auch genauer von *Ordnungsisomorphismus, ordnungsisomorph, Ordnungstreue*, vor allem, wenn man Isomorphismen verschiedener Strukturgattungen unterscheiden muß (etwa Ordnungs-, Gruppen-, Verbandsisomorphismen). Nach Satz 1, § 1 bildet die Isomorphie $\simeq$ auch eine Äquivalenzrelation im Bereich aller geordneten Mengen. Gemäß der Bedeutung der Isomorphie als Strukturtypgleichheit besteht der

Satz 5. *Für durch eine Relation geregelte Mengen (A, R), (B, S) gilt unter der Voraussetzung $(A, R) \simeq (B, S)$:*

R reflexiv in A $\leftrightarrow$ S reflexiv in B,
R irreflexiv $\leftrightarrow$ S irreflexiv,
R transitiv $\leftrightarrow$ S transitiv,
R symmetrisch $\leftrightarrow$ S symmetrisch,
R antisymmetrisch $\leftrightarrow$ S antisymmetrisch,
R asymmetrisch $\leftrightarrow$ S asymmetrisch,
R irreflexive Ordnung in A $\leftrightarrow$ S irreflexive Ordnung in B,
(A, R) geordnete Menge $\leftrightarrow$ (B, S) geordnete Menge.

Beweis: Man zeigt die Behauptungen nach dem Muster des Beweises zu Satz 3, § 1. ∎

Jede geordnete Menge $(A, \leqq)$ läßt sich nach Satz 6b) isomorph darstellen als geordnetes Mengensystem $(\mathfrak{M}, \subseteq)$, d. h. $(A, \leqq) \simeq (\mathfrak{M}, \subseteq)$ für ein geeignetes Mengensystem

$\mathfrak{M}$. Damit besitzen Ordnungsstrukturen keine reicheren strukturellen Eigenschaften als die durch die Inklusion geregelten Mengensysteme.

Satz 6 (Darstellungssatz für geordnete Mengen). *Für geordnete Mengen* $(A, \leqq)$ *gilt*:

a) $(A, \leqq) \simeq (\mathrm{Rs} \leqq, \supseteq)$, b) $(A, \leqq) \simeq (\mathrm{Rs} \geqq, \subseteq)$.

Beweis. a) $\leqq$ sei Ordnung in A und $\mathfrak{R} = \mathrm{Rs} \leqq$ das Restsystem von $\leqq$ (vgl. Definitionen 7, 14, Bd. II, § 2), also die Menge aller Reste

$$R(a) = \leqq \langle\langle a \rangle\rangle = \{x \mid a \leqq x\}$$

bei beliebigem $a \in A$. Die Funktion R ist eine eineindeutige Abbildung von A auf $\mathfrak{R}$, wofür nur noch die Umkehrbarkeit von R zu zeigen ist. Ist aber

$$R(a) = R(b)$$

für gegebene $a, b \in A$, so gilt $b \in R(a)$ und $a \in R(b)$ wegen $b \leqq b$ (und damit $b \in R(b)$) und $a \leqq a$ (und damit $a \in R(a)$); also ist $a \leqq b$ und $b \leqq a$, also $a = b$. Schließlich ist R trivial ordnungstreu bzgl. $\leqq$, $\supseteq$, also für alle $a, b \in A$:

$$a \leqq b \leftrightarrow R(a) \supseteq R(b).$$

Damit ist R ein Isomorphismus von $(A, \leqq)$ auf $(\mathfrak{R}, \supseteq)$ und a) bewiesen.

b) Für durch eine Relation geregelte Mengen (A, R), (B, S) gilt nach Satz 2, § 1:

$$(A, R) \simeq (B, S) \rightarrow (A, R^{-1}) \simeq (B, S^{-1}),$$

womit aus a) folgt:

$$(A, \geqq) \simeq (\mathrm{Rs} \leqq, \subseteq)$$

und hieraus durch Dualisierung (d. h. Übergang von $\leqq$ zu $\geqq$):

$$(A, \leqq) \simeq (\mathrm{Rs} \geqq, \subseteq). \ \blacksquare$$

5. Monotone Funktionen. Ein wichtiger Abbildungstyp zwischen Ordnungsstrukturen sind die monotonen Funktionen.

Definition 4. $\mathfrak{A} = (A, R)$ und $\mathfrak{B} = (B, S)$ seien geordnete Mengen, f sei eine Funktion von A in B: f heißt (*monoton*) *wachsend* (oder *isoton*) bzgl. $\mathfrak{A}, \mathfrak{B}$ — auch: ... von A in B bzgl. R, S (analog bei den weiteren Begriffsbildungen von Definition 4) —, wenn

$$x \leqq y \rightarrow f(x) \leqq f(y)$$

für alle $x, y \in A$ gilt; entsprechend heißt f (*monoton*) *fallend* (oder *antiton*) bzgl. $\mathfrak{A}, \mathfrak{B}$, wenn stets

$$x \leqq y \rightarrow f(x) \geqq f(y)$$

gilt; f ist *monoton* bzgl. $\mathfrak{A}, \mathfrak{B}$, falls f bzgl. $\mathfrak{A}, \mathfrak{B}$ wächst oder fällt. f heißt *echt* (*monoton*) *wachsend* (oder *strikt wachsend, streng isoton*) bzgl. $\mathfrak{A}, \mathfrak{B}$, wenn

$$x < y \rightarrow f(x) < f(y)$$

für alle $x, y \in A$ gilt; entsprechend heißt f *echt* (*monoton*) *fallend* (oder *strikt fallend, streng antiton*) bzgl. $\mathfrak{A}, \mathfrak{B}$, wenn stets

$$x < y \rightarrow f(x) > f(y)$$

gilt; f ist *echt monoton* (oder *strikt monoton, streng monoton*) bzgl. $\mathfrak{A}, \mathfrak{B}$, falls f bzgl. $\mathfrak{A}, \mathfrak{B}$ echt wächst oder echt fällt. ∎

Geht aus dem Zusammenhang der Betrachtungen eindeutig hervor, um welche geordneten Mengen $\mathfrak{A}, \mathfrak{B}$ oder Ordnungen R, S es sich bei den Begriffsbildungen der Definition 4 handelt, so kann man in Formulierungen relativierende Bestandteile wie „bzgl. $\mathfrak{A}, \mathfrak{B}$", „von A in B bzgl. R, S" oder „bzgl. R, S" auch weglassen. Dieselbe Bemerkung gilt in analoger Form für die relativierenden Bestandteile sämtlicher in irgendwelchen Definitionen eingeführten Begriffe.

Zahlreiche Beispiele monotoner und echt monotoner Funktionen liefert die Analysis, wo dann $\mathfrak{A} = (A, \leqq \| A)$

eine geordnete Untermenge von $\mathfrak{B} = (\boldsymbol{R}, \leqq)$ ist ($\leqq$ ist die übliche Anordnung der reellen Zahlen). Jede echt monotone Funktion ist monoton. „Wachsend“ und „fallend“ sind duale Begriffe in folgendem Sinne: f wächst bzgl. (A, R), (B, S) genau dann, wenn f bzgl. (A, R^{-1}), (B, S) fällt, und genau dann, wenn f bzgl. (A, R), (B, S^{-1}) fällt; hierbei kann man noch „wächst“ und „fällt“ ersetzen durch „echt wächst“ und „echt fällt“; schließlich kann man in allen Fällen „wächst“ und „fällt“ miteinander vertauschen. Im Zusammenhang mit Umkehrbarkeit und Isomorphie besteht der

Satz 7. *Für geordnete Mengen $\mathfrak{A} = (A, R)$, $\mathfrak{B} = (B, S)$ und Funktionen f von A in B gilt:*

a) *Ist f umkehrbar und wachsend bzw. fallend bzgl. $\mathfrak{A}$, $\mathfrak{B}$, so auch echt wachsend bzw. echt fallend.*

b) *Ist f eine umkehrbare Funktion von A auf B, so ist f ein Isomorphismus von $\mathfrak{A}$ auf $\mathfrak{B}$ genau dann, wenn f bzgl. $\mathfrak{A}$, $\mathfrak{B}$ und f^{-1} bzgl. $\mathfrak{B}$, $\mathfrak{A}$ wächst.*

Beweis. Aus den Definitionen. ∎

Man überträgt Definition 4 naheliegend auf Mengenfamilien $(A_i)_{i \in I}$, sofern eine Ordnung $\leqq$ im Indexbereich I gegeben ist: $(A_i)_{i \in I}$ heißt *wachsend, fallend, monoton, echt wachsend, echt fallend, echt monoton* bzgl. $\leqq$, falls die Funktion $(A_i)_{i \in I}$ diese Eigenschaften in bezug auf $(I, \leqq)$, $(\mathfrak{P} \bigcup_{i \in I} A_i, \subseteq)$ hat. Ebenso überträgt sich Definition 4 auf Folgen $(a_n)_{n<\infty}$ von Elementen geordneter Mengen (A, R): $(a_n)_{n<\infty}$ heißt (vgl. Definition 11, Bd. II, § 7) *wachsend*, ..., *echt monoton* bzgl. (A, R), falls die Funktion $(a_n)_{n<\infty}$ diese Eigenschaften in bezug auf $(\boldsymbol{N}, \leqq)$, (A, R) hat ($\leqq$ ist die übliche Anordnung der natürlichen Zahlen). $(a_n)_{n<\infty}$ ist wieder bzw. wachsend, echt wachsend, fallend, echt fallend genau dann, wenn für alle $n \in \boldsymbol{N}$ bzw. gilt:

$$a_n \leqq a_{n+1}, \quad a_n < a_{n+1}, \quad a_n \geqq a_{n+1}, \quad a_n > a_{n+1}.$$

Jede echt monotone Folge ist eineindeutig.

6. Minimale, maximale Elemente. Wir stellen in den Abschnitten 6—12 wichtige und für die weiteren Betrachtungen erforderliche Grundbegriffe der Ordnungstheorie bereit.

Definition 5. Es sei $\mathfrak{A} = (A, \leqq)$ eine geordnete Menge, $a \in A$ und $U \subseteq A$: a ist ein *minimales* bzw. *maximales Element* von $\mathfrak{A}$ — auch: ... von A bzgl. $\leqq$ —, wenn

$$\forall x(x \in A \rightarrow x \not< a) \quad \text{bzw.} \quad \forall x(x \in A \rightarrow a \not< x)$$

gilt. a ist ein *minimales* bzw. *maximales Element* von U in $\mathfrak{A}$ — auch: ... in A bzgl. $\leqq$ —, wenn a ein minimales bzw. maximales Element der geordneten Untermenge $\mathfrak{U} = (U, \leqq \parallel U)$ von $\mathfrak{A}$ ist, wenn also $a \in U$ ist und

$$\forall x(x \in U \rightarrow x \not< a) \quad \text{bzw.} \quad \forall x(x \in U \rightarrow a \not< x)$$

gilt. Minimale und maximale Elemente heißen gemeinsam *extremale Elemente.* ∎

Aus Definition 5 folgt für geordnete Mengen $\mathfrak{A} = (A, \leqq)$ bei $a \in A$ und $U \subseteq A$ sofort: a ist minimales bzw. maximales Element von $\mathfrak{A}$ genau dann, wenn a minimales bzw. maximales Element von A in $\mathfrak{A}$ ist. a ist minimales bzw. maximales Element von U in $\mathfrak{A}$ genau dann, wenn gilt:

$$a \in U \wedge \forall x(x \in U \wedge x \leqq a \rightarrow x = a)$$

bzw.

$$a \in U \wedge \forall x(x \in U \wedge a \leqq x \rightarrow a = x).$$

Beispiele: (1) Ist $\mathfrak{M}$ ein Mengensystem und $X \in \mathfrak{M}$, so ist X minimales bzw. maximales Element von $(\mathfrak{M}, \subseteq)$ genau dann, wenn X im Sinne der Definition 2, Bd. II, § 9 minimales bzw. maximales Element von $\mathfrak{M}$ ist. Verwendet man ganz allgemein ordnungstheoretische Begriffsbildungen für ein Mengensystem $\mathfrak{M}$, ohne die zugrunde liegende Ordnung anzugeben, so ist stets die Inklusion $\subseteq$ in $\mathfrak{M}$ gemeint.

(2) Für jede Menge A sind die Einermengen $\{a\}$ bei $a \in A$ die minimalen Elemente von $\mathfrak{M} = \mathfrak{P}A \setminus \{\emptyset\}$ (bzgl. $\subseteq$).

(3) Ist T die Relation „m ist ein Teiler von n" in $\boldsymbol{N} \setminus \{0,1\}$ (vgl. Beispiel (4), Abschn. 1), so sind die minimalen Elemente von $\boldsymbol{N} \setminus \{0, 1\}$ bzgl. T die Primzahlen aus $\boldsymbol{N}$.

(4) $\mathfrak{F}$ sei die Menge aller Abbildungen f aus A in B und R sei die Fortsetzungsrelation „g ist eine Fortsetzung von f" in $\mathfrak{F}$ (vgl. Beispiel (5), Abschn. 1). Dann sind die Abbildungen $f \in \mathfrak{F}$ mit $\mathrm{D}(f) = A$ die maximalen Elemente von $\mathfrak{F}$ bzgl. R. Dasselbe gilt für die Menge $\mathfrak{F}$ aller Funktionen f aus A in B. Für die Menge $\mathfrak{F}$ aller umkehrbaren Funktionen f aus A in B sind alle $f \in \mathfrak{F}$ mit $\mathrm{D}(f) = A$ maximale Elemente.

(5) Es muß in einer geordneten Menge $(A, \leqq)$ nicht notwendig extremale Elemente geben, wie die Beispiele der Zahlenmengen $\boldsymbol{Z}, \boldsymbol{Q}, \boldsymbol{R}$ mit ihrer üblichen Anordnung $\leqq$ zeigen. Zu jeder Zahl x gibt es immer Zahlen y_1, y_2 mit $y_1 < x < y_2$. $\boldsymbol{N}$ besitzt das minimale Element 0, aber kein maximales Element.

„Minimal" und „maximal" sind duale Begriffe: Ist $(A, \leqq)$ eine geordnete Menge, $a \in A$ und $U \subseteq A$, so ist a minimales bzw. maximales Element von U in $(A, \leqq)$ genau dann, wenn a maximales bzw. minimales Element von U in $(A, \geqq)$ ist.

Die Extremaleigenschaften sind invariant gegenüber Isomorphismen, d. h. übertragen sich bei isomorpher Abbildung: Sind $\mathfrak{A} = (A, R)$ und $\mathfrak{B} = (B, S)$ geordnete Mengen, ist f ein Isomorphismus von $\mathfrak{A}$ auf $\mathfrak{B}$ und $x \in A$, $X \subseteq A$, so ist x minimales bzw. maximales Element von X in $\mathfrak{A}$ genau dann, wenn $f(x)$ minimales bzw. maximales Element von $f\langle X\rangle$ in $\mathfrak{B}$ ist.

Während nach obigem Beispiel (5) unendliche geordnete Mengen nicht notwendig extremale Elemente besitzen müssen, vermutet man anschaulich, daß jede nichtleere endliche geordnete Menge $(A, \leqq)$ minimale und maximale Elemente besitzt; denn ist $a \in A$ und gibt es kein minimales bzw. kein maximales Element in A, so existieren unendlich viele Elemente $a_1, a_2, a_3, \ldots$ mit

$$\ldots < a_3 < a_2 < a_1 < a \quad \text{bzw.} \quad a < a_1 < a_2 < a_3 < \ldots$$

im Widerspruch zur Endlichkeit von A. Entsprechend besteht der

Satz 8. *Für geordnete Mengen* $(A, \leqq)$ *mit endlichem* $A \neq \emptyset$ *gilt*:

$$\exists a\,(a \text{ minimales Element von } A \text{ bzgl. } \leqq),$$

$$\exists a\,(a \text{ maximales Element von } A \text{ bzgl. } \leqq).$$

Beweis. Für geordnete Mengen $(A, \leqq)$ sind die beiden Behauptungen des Satzes zueinander dual; denn ein Element $a \in A$ ist minimales bzw. maximales Element von A bzgl. $\leqq$ genau dann, wenn es maximales bzw. minimales Element von A bzgl. $\geqq$ ist. Nach dem Dualitätsprinzip der Ordnungstheorie genügt es also, eine der beiden Behauptungen zu beweisen, etwa die zweite (denn gibt es zu einer Menge A in bezug auf jede Ordnung $\leqq$ in A ein maximales Element, so gibt es auch für jede Ordnung $\leqq$ in A in bezug auf $\geqq$ ein maximales Element, und dieses ist dann minimales Element in bezug auf $\leqq$).

Wir zeigen nun für geordnete Mengen $(A, \leqq)$ mit endlicher Grundmenge $A \neq \emptyset$ die Existenz eines maximalen Elementes. Der Beweis erfolgt induktiv über die endliche Menge A gemäß Bd. II, § 9, Abschn. 2 (im Anschluß an den dortigen Satz 5), indem für jede endliche Menge A die folgende Behauptung $\mathbf{B}(A)$ bewiesen wird: Ist $A \neq \emptyset$, so existiert in bezug auf jede Ordnung $\leqq$ in A ein maximales Element von A. Zu zeigen ist hierfür:

$$\mathbf{B}(\emptyset),$$

$$\forall A\, \forall a \big(A \text{ endliche Menge} \wedge \mathbf{B}(A) \rightarrow \mathbf{B}(A \cup \{a\})\big).$$

Trivial gilt $\mathbf{B}(\emptyset)$. Gelte nun $\mathbf{B}(A)$ für eine endliche Menge A und sei a ein beliebiges Objekt. Zu zeigen ist $\mathbf{B}(A \cup \{a\})$, also wegen $A \cup \{a\} \neq \emptyset$: Zu jeder Ordnung $\leqq$ in $A \cup \{a\}$ existiert ein maximales Element von $A \cup \{a\}$. Ist $A = \emptyset$, so ist trivial a selbst maximales Element von $\{a\}$ bzgl. $\leqq$. Ist $A \neq \emptyset$, so existiert mit der Voraussetzung $\mathbf{B}(A)$ ein maximales Element b von A bzgl. $\leqq \| A$. Es ist also $b \in A$, und für kein $x \in A$ gilt $b < x$. Dann ist b oder a maximales Element von $A \cup \{a\}$ bzgl. $\leqq$, je nachdem, ob $b < a$ nicht gilt oder gilt. ∎

Aus Satz 8 folgt für geordnete Mengen $(A, \leqq)$, daß jede nichtleere endliche Teilmenge U von A minimale und maximale Elemente (hinsichtlich $\leqq \| U$) besitzt. Ist speziell A selbst endlich, so besitzt jede nichtleere Teilmenge minimale und maximale Elemente.

7. Minima, Maxima. Für jede Teilmenge U einer geordneten Menge $(A, \leqq)$ gibt es auf Grund der Antisymmetrie von $\leqq$ höchstens ein Element $a \in U$ mit $a \leqq x$ für alle $x \in U$ und höchstens ein Element $a \in U$ mit $x \leqq a$ für alle $x \in U$.

Definition 6. Es sei $\mathfrak{A} = (A, \leqq)$ eine geordnete Menge und $U \subseteq A$: Gibt es ein $a \in A$ mit $a \leqq x$ für alle $x \in A$ bzw. mit $x \leqq a$ für alle $x \in A$, so heißt dieses dann eindeutig bestimmte Element a das *kleinste* (*erste*) *Element* oder das *Minimum* bzw. das *größte* (*letzte*) *Element* oder das *Maximum* von $\mathfrak{A}$ — auch: . . . von A bzgl. $\leqq$ —, bezeichnet mit: $\min \mathfrak{A}$ (gelesen: *Minimum* $\mathfrak{A}$) oder $\min\limits_{\leqq} A$ (gelesen: *Minimum A bzgl.* $\leqq$) bzw. $\max \mathfrak{A}$ (gelesen: *Maximum* $\mathfrak{A}$) oder $\max\limits_{\leqq} A$ (gelesen: *Maximum A bzgl.* $\leqq$). Gibt es ein $a \in U$ mit $a \leqq x$ für alle $x \in U$ bzw. mit $x \leqq a$ für alle $x \in U$, so heißt dieses Element

$$a = \min (U, \leqq \| U) \quad \text{bzw.} \quad a = \max (U, \leqq \| U)$$

das *kleinste* (*erste*) *Element* oder das *Minimum* bzw. das *größte* (*letzte*) *Element* oder das *Maximum* von U in $\mathfrak{A}$ — auch: . . . in A bzgl. $\leqq$ —, bezeichnet mit: $\min\limits_{\mathfrak{A}} U$ bzw. $\max\limits_{\mathfrak{A}} U$. Minimum und Maximum heißen gemeinsam *Extrema*. ∎

Sind Verwechslungen ausgeschlossen, so läßt man die Indexvariablen $\leqq$, $\mathfrak{A}$ unter den Zeichen min und max auch weg.

Aus Definition 6 folgt für geordnete Mengen $\mathfrak{A} = (A, \leqq)$ mit vorhandenen Extrema:

$$\min_{\leqq} A = \min_{\mathfrak{A}} A, \qquad \max_{\leqq} A = \max_{\mathfrak{A}} A.$$

Beispiele: (1) Ist $\mathfrak{M}$ ein Mengensystem und gibt es ein $X \in \mathfrak{M}$ mit $X \subseteq Y$ für alle $Y \in \mathfrak{M}$ bzw. mit $Y \subseteq X$ für alle $Y \in \mathfrak{M}$, so fällt das Minimum $\min\limits_{\subseteq} \mathfrak{M}$ bzw. Maximum $\max\limits_{\subseteq} \mathfrak{M}$ von $(\mathfrak{M}, \subseteq)$ mit dem Minimum $\min \mathfrak{M}$ bzw. Maximum $\max \mathfrak{M}$ von $\mathfrak{M}$ im Sinne der Definition 2, Bd. I, § 5 zusammen. Für jedes Mengensystem $\mathfrak{M}$ existiert $\min \mathfrak{M}$ bzw. $\max \mathfrak{M}$ genau dann, wenn $\bigcap \mathfrak{M} \in \mathfrak{M}$ bzw. $\bigcup \mathfrak{M} \in \mathfrak{M}$ ist, und im Existenzfall ist

$$\min \mathfrak{M} = \bigcap \mathfrak{M} \quad \text{bzw.} \quad \max \mathfrak{M} = \bigcup \mathfrak{M}.$$

(2) In jeder Potenzmenge $\mathfrak{P}A$ ist $\emptyset$ das Minimum und A das Maximum:

$$\emptyset = \min \mathfrak{P}A, \qquad A = \max \mathfrak{P}A.$$

(3) Nach der Minimumbedingung für Allmengen und Stufen (vgl. Bd. I, § 5, Abschnitte 2, 3) besitzt jede nichtleere Menge $\mathfrak{M}$ von Allmengen bzw. Stufen ein kleinstes Element

$$\min_{\subseteq} \mathfrak{M} \quad \text{bzw.} \quad \min_{\sqsubset} \mathfrak{M}$$

(wobei natürlich $\subseteq$ bzw. $\sqsubset$ die Inklusion bzw. Stufenbeziehung in $\mathfrak{M}$ bedeutet).

(4) Für jede nichtleere bzw. nichtleere beschränkte Menge M natürlicher Zahlen existiert (vgl. Definition 10, Bd. II, § 7 und anschließende Ausführungen)

$$\min M = \min_{(\boldsymbol{N}, \leqq)} M \quad \text{bzw.} \quad \max M = \max_{(\boldsymbol{N}, \leqq)} M.$$

„min" und „max" sind duale Begriffe: Ist $(A, \leqq)$ eine geordnete Menge und $U \subseteq A$, so existiert das Minimum bzw. Maximum von U in $(A, \leqq)$ genau dann, wenn das Maximum bzw. Minimum von U in $(A, \geqq)$ existiert, und im Existenzfall ist

$$\min_{(A,\leqq)} U = \max_{(A,\geqq)} U \quad \text{bzw.} \quad \max_{(A,\leqq)} U = \min_{(A,\geqq)} U.$$

Die Extremumeigenschaften übertragen sich bei isomorpher Abbildung: Sind $\mathfrak{A} = (A, R)$ und $\mathfrak{B} = (B, S)$ geordnete Mengen, ist f ein Isomorphismus von $\mathfrak{A}$ auf $\mathfrak{B}$ und $X \subseteq A$, so existiert das Minimum bzw. Maximum von X in $\mathfrak{A}$ genau dann, wenn das Minimum bzw. Maximum von $f\langle X\rangle$ in $\mathfrak{B}$ existiert, und im Existenzfall ist

$$f(\min_{\mathfrak{A}} X) = \min_{\mathfrak{B}} f\langle X\rangle \quad \text{bzw.} \quad f(\max_{\mathfrak{A}} X) = \max_{\mathfrak{B}} f\langle X\rangle.$$

Existiert das Minimum bzw. Maximum einer geordneten Menge, so ist es gleichzeitig das einzige minimale bzw. maximale Element. Umgekehrt folgt aus der Existenz minimaler bzw. maximaler Elemente nicht notwendig die Existenz des Minimums bzw. Maximums; denn besteht z. B. A aus den drei Elementen a, b, c und ist

$$\leqq \; = \{(a, c), (b, c)\} \cup \mathrm{Id}_A,$$

so sind zwar a, b minimale Elemente von $(A, \leqq)$, aber A besitzt kein Minimum; für $\geqq$ sind a, b maximale Elemente, und A besitzt kein Maximum. Die extremalen Elemente fallen aber in allen Teilmengen, deren Elemente vergleichbar sind, mit dem entsprechenden Extremum zusammen. Wir definieren hierfür zunächst:

Definition 7. $\mathfrak{A} = (A, \leqq)$ sei eine geordnete Menge: Elemente $a, b \in A$ heißen *vergleichbar* (oder *komparabel*) in $\mathfrak{A}$ – auch: ... in A bzgl. $\leqq$ –, wenn

$$a \leqq b \vee b \leqq a$$

$$(\text{gleichwertig: } a < b \vee a = b \vee b < a)$$

gilt, andernfalls *unvergleichbar* (oder *inkomparabel*). Eine Teilmenge $K \subseteq A$ ist eine *Kette* von $\mathfrak{A}$ – auch: ... von A

bzgl. $\leqq$ —, wenn alle Elemente von K vergleichbar sind, d. h.

$$\forall x \forall y(x, y \in K \to x \leqq y \vee y \leqq x) . \blacksquare$$

Anschaulich sind die Ketten einer geordneten Menge $\mathfrak{A}$ die hinsichtlich Anordnung auf Linie liegenden (und in diesem Sinne zusammenhängenden) Teilmengen von $\mathfrak{A}$. Sei als Beispiel $\mathfrak{A}$ endlich mit dem zugehörigen Hasse-Diagramm (vgl. Abschn. 3):

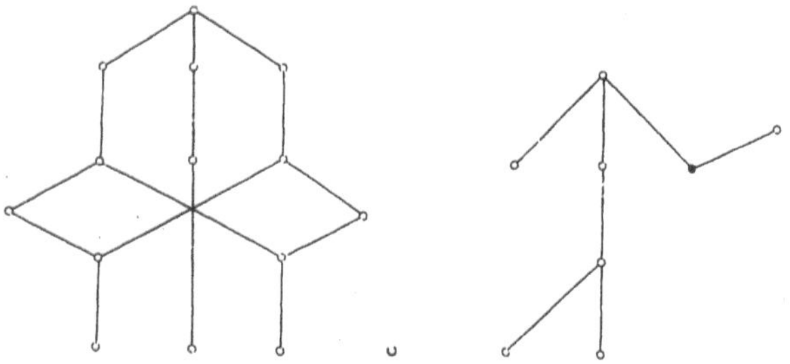

Dann sind die Ketten neben der leeren Menge alle diejenigen Teilmengen K von $\mathfrak{A}$, für die es im Diagramm einen zwischen zwei o-Punkten x, y (einschließlich des Falles $x = y$) aufsteigenden Weg (eine Linie) gibt, von dessen o-Punkten K umfaßt wird. Man erkennt im Diagramm sofort die extremalen Elemente von $\mathfrak{A}$ und daß $\mathfrak{A}$ keine Extrema besitzt, daß aber jede nichtleere Kette beide Extrema besitzt. Das Diagramm einer endlichen geordneten Menge, deren gesamte Grundmenge eine Kette ist, besteht aus einem einzigen größtmöglichen aufsteigenden Weg.

Geordnete Mengen $(A, \leqq)$, für welche A selbst eine Kette ist, werden später als vollgeordnete Mengen gesondert behandelt. Ein Mengensystem $\mathfrak{K}$, dessen Mengen in bezug auf $\subseteq$ vergleichbar sind, d. h.

$$\forall X \forall Y(X, Y \in \mathfrak{K} \to X \subseteq Y \vee Y \subseteq X),$$

heißt eine *Mengenkette* oder schlechthin eine *Kette*; eine *Kette* eines Mengensystems $\mathfrak{M}$ ist ein Teilsystem $\mathfrak{K} \subseteq \mathfrak{M}$, welches eine Mengenkette ist. Es gilt nun der

Satz 9. *Für jede Kette K einer geordneten Menge $(A, \leqq)$ ist jedes minimale bzw. maximale Element von K gleichzeitig das Minimum bzw. Maximum von K, und ist noch $K \neq \emptyset$ und K endlich, so existieren Minimum und Maximum von K.*

Beweis. Ist a minimales bzw. maximales Element von K, so gibt es kein $x \in K$ mit $x < a$ bzw. $a < x$, also gilt auf Grund der Ketteneigenschaft $a \leqq x$ bzw. $x \leqq a$ für alle $x \in K$, womit a das Minimum bzw. Maximum von K ist. In Anwendung von Satz 8 auf $(K, \leqq \| K)$ erhält man schließlich die Existenz des Minimums und Maximums von K. ∎

Für jede geordnete Menge $(A, \leqq)$ sind Elemente $a, b \in A$ vergleichbar in $(A, \leqq)$ genau dann, wenn sie in $(A, \geqq)$ vergleichbar sind; eine Teilmenge K ist eine Kette von $(A, \leqq)$ genau dann, wenn sie eine Kette von $(A, \geqq)$ ist. Sind $\mathfrak{A} = (A, R)$ und $\mathfrak{B} = (B, S)$ geordnete Mengen, ist f ein Isomorphismus von $\mathfrak{A}$ auf $\mathfrak{B}$ und $x, y \in A$, $X \subseteq A$, so sind x, y vergleichbar in $\mathfrak{A}$ genau dann, wenn $f(x)$, $f(y)$ vergleichbar in $\mathfrak{B}$ sind, und X ist Kette von $\mathfrak{A}$ genau dann, wenn $f\langle X\rangle$ Kette von $\mathfrak{B}$ ist.

8. Schranken, Grenzen. In der Theorie der reellen Zahlen definiert man Schranken und Grenzen reeller Zahlenmengen. Diese für die spezielle geordnete Menge $(\boldsymbol{R}, \leqq)$ der reellen Zahlen geläufigen Begriffe übertragen sich unmittelbar auf beliebige geordnete Mengen $(A, \leqq)$, was jetzt durchgeführt werden soll. Zur Veranschaulichung der folgenden Definitionen wähle man $(\boldsymbol{R}, \leqq)$, geometrisch interpretiert als Zahlengerade mit der üblichen $\leqq$-Anordnung ihrer Punkte:

Die reellen Zahlen x entsprechen umkehrbar eindeutig den Punkten P_x (einfach wieder mit x bezeichnet) dieser Geraden derart, daß $x \leqq y$ gilt genau dann, wenn P_x links von P_y (einschließlich $P_x = P_y$) liegt im Sinne der Orientierung von P_0 nach P_1.

Definition 8. Es sei $\mathfrak{A} = (A, \leqq)$ eine geordnete Menge und $U \subseteq A$: Ein Element $a \in A$ heißt eine *untere Schranke* (oder *Minorante*) bzw. eine *obere Schranke* (oder *Majorante*) von U in $\mathfrak{A}$ — auch: . . . in A bzgl. $\leqq$ (analog bei den weiteren Begriffsbildungen von Definition 8) —, wenn $a \leqq x$ bzw. $x \leqq a$ für alle $x \in U$ gilt. Untere und obere Schranken heißen gemeinsam *Schranken.* U heißt *nach unten beschränkt* bzw. *nach oben beschränkt* in $\mathfrak{A}$, wenn eine untere bzw. obere Schranke von U in $\mathfrak{A}$ existiert, andernfalls *nach unten unbeschränkt* bzw. *nach oben unbeschränkt.* U heißt *beschränkt* in $\mathfrak{A}$, falls U in $\mathfrak{A}$ nach unten und nach oben beschränkt ist, andernfalls *unbeschränkt.* ∎

„Unten" und „oben" sind duale Begriffe: Ist $(A, \leqq)$ eine geordnete Menge, $a \in A$ und $U \subseteq A$, so ist a untere bzw. obere Schranke von U in $(A, \leqq)$ genau dann, wenn a obere bzw. untere Schranke von U in $(A, \geqq)$ ist.

Die Schrankeneigenschaften übertragen sich bei isomorpher Abbildung: Sind $\mathfrak{A} = (A, R)$ und $\mathfrak{B} = (B, S)$ geordnete Mengen, ist f ein Isomorphismus von $\mathfrak{A}$ auf $\mathfrak{B}$ und $x \in A$, $X \subseteq A$, so ist x untere bzw. obere Schranke von X in $\mathfrak{A}$ genau dann, wenn $f(x)$ untere bzw. obere Schranke von $f\langle X\rangle$ in $\mathfrak{B}$ ist.

Ist $(A, \leqq)$ eine geordnete Menge und $U \subseteq A$, so gilt für jedes $a \in A$:

$$a = \min U \leftrightarrow a \text{ untere Schranke von } U \wedge a \in U,$$

$$a = \max U \leftrightarrow a \text{ obere Schranke von } U \wedge a \in U.$$

Speziell ist A nach unten bzw. oben beschränkt genau dann, wenn $\min A$ bzw. $\max A$ existiert; das Extremum ist dann die einzige untere bzw. obere Schranke von A. Ist A eine Kette, so ist A nach unten bzw. oben unbeschränkt genau dann, wenn es für jedes $a \in A$ ein $x \in A$ mit $x < a$ bzw. $a < x$ gibt. Die Übertragung dieses Sachverhaltes auf die geordnete Menge $(N, \leqq)$ der natürlichen Zahlen und auf $\subseteq$ bzw. $\sqsubset$ im Bereich der Allmengen (Allbereiche) bzw. der Stufen ergibt die Bezeichnung „Unbeschränktheit" in Satz 7 aus Bd. II, § 7 und in den Sätzen 4, 9, 12 aus Bd. I, § 5.

Definition 9. Es sei $\mathfrak{A} = (A, \leqq)$ eine geordnete Menge, $U \subseteq A$ und $\underline{S}$ bzw. $\bar{S}$ die Menge der unteren bzw. oberen Schranken von U in $\mathfrak{A}$: Existiert das Maximum $\underline{g}$ von $\underline{S}$ in $\mathfrak{A}$ bzw. das Minimum $\bar{g}$ von $\bar{S}$ in $\mathfrak{A}$, so heißt $\underline{g}$ die *untere Grenze* oder das *Infimum* bzw. $\bar{g}$ die *obere Grenze* oder das *Supremum* von U in $\mathfrak{A}$ — auch: ... in A bzgl. $\leqq$ —, bezeichnet mit: $\inf_{\mathfrak{A}} U$ (gelesen: *Infimum U bzgl.* $\mathfrak{A}$) bzw. $\sup_{\mathfrak{A}} U$ (gelesen: *Supremum U bzgl.* $\mathfrak{A}$). Untere und obere Grenze heißen gemeinsam *Grenzen*. ∎

Sind Verwechslungen ausgeschlossen, so läßt man die Indexvariable $\mathfrak{A}$ unter den Zeichen inf und sup auch weg. An Stelle von inf, sup sind auch $\underline{\text{fin}}$ und $\overline{\text{fin}}$ gebräuchlich. Wir verwenden die Terminologie von Definition 9.

Beispiele: (1) In der Theorie der reellen Zahlen zeigt man, daß für jede nichtleere und nach unten bzw. oben beschränkte Menge reeller Zahlen das Infimum bzw. Supremum existiert.

(2) Bei zugrunde gelegtem geordneten Mengensystem $(\mathfrak{M}, \subseteq)$ gilt für jedes Teilsystem $\mathfrak{U} \subseteq \mathfrak{M}$:

$$\bigcap \mathfrak{U} \in \mathfrak{M} \to \bigcap \mathfrak{U} = \inf \mathfrak{U},$$
$$\bigcup \mathfrak{U} \in \mathfrak{M} \to \bigcup \mathfrak{U} = \sup \mathfrak{U}.$$

Speziell existieren für jedes Mengensystem $\mathfrak{M}$ von Teilmengen einer Menge A in $(\mathfrak{P}A, \subseteq)$ Infimum und Supremum, wobei gilt ($\bigcap$ sei der auf A relativierte Durchschnitt; vgl. Definition 9, Bd. II, § 1):

$$\inf \mathfrak{M} = \bigcap \mathfrak{M}, \qquad \sup \mathfrak{M} = \bigcup \mathfrak{M}.$$

(3) Für jede geordnete Menge $(A, \leqq)$ existiert $\inf \emptyset$ bzw. $\sup \emptyset$ genau dann, wenn $\max A$ bzw. $\min A$ existiert, und im Existenzfall ist

$$\inf \emptyset = \max A \quad \text{bzw.} \quad \sup \emptyset = \min A;$$

ebenso existiert $\inf A$ bzw. $\sup A$ genau dann, wenn $\min A$ bzw. $\max A$ existiert, und im Existenzfall ist

$$\inf A = \min A \quad \text{bzw.} \quad \sup A = \max A.$$

Für beliebige $U \subseteq A$ und $a \in A$ gilt:

$$a = \min U \leftrightarrow a = \inf U \wedge a \in U,$$
$$a = \max U \leftrightarrow a = \sup U \wedge a \in U.$$

(4) In einer geordneten Menge $(A, \leqq)$ braucht nicht einmal für Zweiermengen $\{a, b\}$ immer das Infimum bzw. Supremum zu existieren. Das ist z. B. der Fall, wenn Elemente a, b keine gemeinsame untere bzw. obere Schranke besitzen, oder die unteren bzw. oberen Schranken von $\{a, b\}$ unvergleichbar sind. Sind a, b vergleichbar, so ist trivial a bzw. b im Falle $a \leqq b$ das Infimum bzw. Supremum von $\{a, b\}$. Ist also A eine Kette, so besitzen alle Zweiermengen $\{a, b\}$ eine untere und obere Grenze, und $\leqq$ ist eine Verbandsordnung (vgl. Abschn. 13).

„inf" und „sup" sind duale Begriffe: Ist $(A, \leqq)$ eine geordnete Menge und $U \subseteq A$, so existiert das Infimum bzw. Supremum von U in $(A, \leqq)$ genau dann, wenn das Supremum bzw. Infimum von U in $(A, \geqq)$ existiert, und im Existenzfall ist

$$\inf_{(A,\leqq)} U = \sup_{(A,\geqq)} U \quad \text{bzw.} \quad \sup_{(A,\leqq)} U = \inf_{(A,\geqq)} U.$$

Die Grenzeneigenschaften übertragen sich bei isomorpher Abbildung: Sind $\mathfrak{A} = (A, R)$ und $\mathfrak{B} = (B, S)$ geordnete Mengen, ist f ein Isomorphismus von $\mathfrak{A}$ auf $\mathfrak{B}$ und $X \subseteq A$, so existiert das Infimum bzw. Supremum von X in $\mathfrak{A}$ genau dann, wenn das Infimum bzw. Supremum von $f\langle X\rangle$

in $\mathfrak{B}$ existiert, und im Existenzfall ist

$$f(\inf_{\mathfrak{A}} X) = \inf_{\mathfrak{B}} f\langle X\rangle \quad \text{bzw.} \quad f(\sup_{\mathfrak{A}} X) = \sup_{\mathfrak{B}} f\langle X\rangle .$$

Satz 10. *Für geordnete Mengen $\mathfrak{A} = (A, \leqq)$, Teilmengen $C \subseteq B \subseteq A$ und $\mathfrak{B} = (B, \leqq \| B)$ gilt:*

a) *Existieren untere und obere Grenze von B in $\mathfrak{A}$ und ist $B \neq \emptyset$, so ist*

$$\inf_{\mathfrak{A}} B \leqq \sup_{\mathfrak{A}} B .$$

b) *Existieren die unteren bzw. oberen Grenzen von B und C in $\mathfrak{A}$, so ist*

$$\inf_{\mathfrak{A}} C \geqq \inf_{\mathfrak{A}} B \quad \text{bzw.} \quad \sup_{\mathfrak{A}} C \leqq \sup_{\mathfrak{A}} B .$$

c) *Existieren die unteren bzw. oberen Grenzen von C in $\mathfrak{A}$ und $\mathfrak{B}$, so ist*

$$\inf_{\mathfrak{A}} C \geqq \inf_{\mathfrak{B}} C \quad \text{bzw.} \quad \sup_{\mathfrak{A}} C \leqq \sup_{\mathfrak{B}} C .$$

d) *Existiert die untere bzw. obere Grenze von C in $\mathfrak{A}$ und ist sie Element von B, so ist*

$$\inf_{\mathfrak{A}} C = \inf_{\mathfrak{B}} C \quad \text{bzw.} \quad \sup_{\mathfrak{A}} C = \sup_{\mathfrak{B}} C .$$

Beweis. Aus den Definitionen. ∎

Eine wichtige Eigenschaft geordneter Mengen ist die untere bzw. obere Beschränktheit aller ihrer Ketten, weil man dann nach dem ZORNschen Lemma (Satz 6, § 6) auf die Existenz minimaler bzw. maximaler Elemente schließen kann.

Definition 10. $\mathfrak{A} = (A, \leqq)$ sei eine geordnete Menge: $\mathfrak{A}$ ist *linksinduktiv bzw. rechtsinduktiv* — auch: A ist *linksinduktiv* bzw. *rechtsinduktiv* bzgl. $\leqq$ —, wenn jede Kette von $\mathfrak{A}$ nach unten bzw. nach oben beschränkt in $\mathfrak{A}$ ist. $\mathfrak{A}$ ist *induktiv* — auch: A ist *induktiv* bzgl. $\leqq$ —, wenn $\mathfrak{A}$ links- oder rechtsinduktiv ist. ∎

Man beachte, daß $\emptyset$ Kette jeder geordneten Menge $\mathfrak{A} = (A, \leqq)$ ist und daß untere oder obere Beschränktheit von $\emptyset$ lediglich besagt, daß A überhaupt ein Element besitzt. Links- bzw. Rechtsinduktivität von $\mathfrak{A}$ ist also gleichbedeutend damit, daß $A \neq \emptyset$ ist und jede Kette $K \neq \emptyset$ von $\mathfrak{A}$ nach unten bzw. nach oben beschränkt in $\mathfrak{A}$ ist. Eine hinreichende Bedingung für Links- bzw. Rechtsinduktivität von $\mathfrak{A}$ ist damit auch, daß $A \neq \emptyset$ ist und zu jeder Kette $K \neq \emptyset$ von $\mathfrak{A}$ die untere bzw. obere Grenze von K in $\mathfrak{A}$ existiert. Ein Mengensystem $\mathfrak{M}$ heißt schlechthin *links-* bzw. *rechtsinduktiv* bzw. *induktiv*, wenn dies in bezug auf $\subseteq$ gilt.

Beispiele: (1) Ein Mengensystem $\mathfrak{M}$ ist links- bzw. rechtsinduktiv, sofern $\mathfrak{M} \neq \emptyset$ ist und der Durchschnitt $\bigcap \mathfrak{K}$ bzw. die Vereinigung $\bigcup \mathfrak{K}$ jeder Kette $\mathfrak{K} \neq \emptyset$ von $\mathfrak{M}$ Element von $\mathfrak{M}$ ist; speziell ist $\mathfrak{M}$ rechtsinduktiv, sofern die Vereinigung $\bigcup \mathfrak{K}$ jeder beliebigen Kette $\mathfrak{K}$ von $\mathfrak{M}$ Element von $\mathfrak{M}$ ist.

(2) $\mathfrak{F}_0$ sei die Menge aller Funktionen f aus A in B, so daß die Fortsetzungsrelation „g ist eine Fortsetzung von f" in $\mathfrak{F}_0$ (vgl. Beispiele (5), Abschn. 1 und (4), Abschn. 6) mit der Inklusion $\subseteq$ des Mengensystems $\mathfrak{F}_0$ zusammenfällt. Für jede Kette $\mathfrak{K}$ von $\mathfrak{F}_0$ ist $\bigcup \mathfrak{K} \in \mathfrak{F}_0$. Also ist $\mathfrak{F}_0$ nach Beispiel (1) rechtsinduktiv. Dasselbe gilt für die Menge $\mathfrak{F}$ aller umkehrbaren Funktionen f aus A in B. Während man bei $B \neq \emptyset$ für $\mathfrak{F}_0$ in jeder Funktion $f \in \mathfrak{F}_0$ mit $D(f) = A$ ein maximales Element hat, liegt die Existenz maximaler Elemente von $\mathfrak{F}$ (sofern nicht von vornherein $A \leq B$ ist; vgl. Definition 7, Bd. II, § 7) nicht auf der Hand, sondern folgt erst aus dem ZORNschen Lemma. $\mathfrak{F}$ erweist sich als wichtiges Anwendungsbeispiel des ZORNschen Lemmas, indem mit $\mathfrak{F}$ ein Beweis des Vergleichbarkeitssatzes für Mengen (Satz 7, § 7) geführt werden kann.

(3) Die geordnete Menge $(\boldsymbol{N}, \leqq)$ der natürlichen Zahlen ist linksinduktiv (0 ist untere Schranke jeder Teilmenge

$K \subseteq \boldsymbol{N}$), aber nicht rechtsinduktiv, da jede Teilmenge eine Kette ist und es unbeschränkte Teilmengen gibt (z. B. $\boldsymbol{N}$ selbst). Die Zahlenmengen $\boldsymbol{Z}$, $\boldsymbol{Q}$, $\boldsymbol{R}$ sind (in bezug auf ihre übliche Anordnung $\leqq$) weder links- noch rechtsinduktiv, da jede Teilmenge eine Kette ist und es beidseitig unbeschränkte Teilmengen gibt.

Wie in Beispiel (2) rangiert oft Rechtsinduktivität vor Linksinduktivität (trivial ist $\emptyset$ das Minimum, also minimales Element, von $\mathfrak{F}_0$ und von $\mathfrak{F}$). Wir bevorzugen deshalb gelegentlich in der Reihenfolge „rechts" vor „links".

„Links" und „rechts" sind duale Begriffe: Eine geordnete Menge $(A, \leqq)$ ist links- bzw. rechtsinduktiv genau dann, wenn $(A, \geqq)$ rechts- bzw. linksinduktiv ist.

Induktivität überträgt sich bei isomorpher Abbildung: Sind $\mathfrak{A}$, $\mathfrak{B}$ isomorphe geordnete Mengen, so ist $\mathfrak{A}$ links- bzw. rechtsinduktiv genau dann, wenn $\mathfrak{B}$ links- bzw. rechtsinduktiv ist.

9. Übertragung auf Abbildungen. Die bisherigen Begriffe überträgt man naheliegend folgendermaßen auf Abbildungen F und geordnete Mengen $\mathfrak{A} = (A, \leqq)$ bei $\mathrm{W}(F) \subseteq A$: F heißt (*nach unten* bzw. *nach oben*) *beschränkt* (*unbeschränkt*) in $\mathfrak{A}$ — auch: ... in A bzgl. $\leqq$ —, wenn $\mathrm{W}(F)$ in $\mathfrak{A}$ diese Eigenschaften hat; ein Element $a \in A$ heißt eine *untere Schranke* (*Minorante*), eine *obere Schranke* (*Majorante*), ein *minimales* bzw. *maximales Element*, ein *extremales Element*, das *Minimum* (*kleinste, erste Element*), das *Maximum* (*größte, letzte Element*), ein *Extremum*, das *Infimum* (die *untere Grenze*), das *Supremum* (die *obere Grenze*), eine *Grenze* von F in $\mathfrak{A}$ — auch: ... in A bzgl. $\leqq$ —, wenn a eine untere Schranke, ..., eine Grenze von $\mathrm{W}(F)$ in $\mathfrak{A}$ ist.

Speziell für Funktionen f verwendet man gemäß der Familienschreibweise $(f(x))_{x \in \mathrm{D}(f)}$ noch die folgenden Bezeichnungen:

Definition 11: Für Funktionen f über $D = \mathrm{D}(f)$ und geordnete Mengen $\mathfrak{A} = (A, \leqq)$ mit $\mathrm{W}(f) \subseteq A$ sei im

Falle der Existenz des jeweils bezeichneten Objektes:

$$\min_{x \in D}^{\mathfrak{A}} f(x) = \min_{\mathfrak{A}} W(f), \qquad \max_{x \in D}^{\mathfrak{A}} f(x) = \max_{\mathfrak{A}} W(f),$$

$$\inf_{x \in D}^{\mathfrak{A}} f(x) = \inf_{\mathfrak{A}} W(f), \qquad \sup_{x \in D}^{\mathfrak{A}} f(x) = \sup_{\mathfrak{A}} W(f)$$

(gelesen bzw.: *Minimum, ..., Supremum* $f(x)$, $x \in D$ *bzgl.* $\mathfrak{A}$). ∎

Man läßt natürlich die Indexvariable $\mathfrak{A}$ wieder weg, wenn Mißverständnisse ausgeschlossen sind.

10. Konfinal, koinitial.

Definition 12. $(A, \leqq)$ sei eine geordnete Menge und $U \subseteq A$: A ist *koinitial* mit U bzgl. $\leqq$, in Zeichen: $A \underset{\leqq}{\mathrm{ci}} U$ (gelesen: *A koinitial U bzgl.* $\leqq$), wenn

$$\forall a \, \exists u (a \in A \rightarrow u \in U \wedge u \leqq a)$$

gilt; A ist *konfinal* mit U bzgl. $\leqq$, in Zeichen: $A \underset{\leqq}{\mathrm{cf}} U$ (gelesen: *A konfinal U bzgl.* $\leqq$), wenn

$$\forall a \, \exists u (a \in A \rightarrow u \in U \wedge a \leqq u)$$

gilt. ∎

Sind keine Verwechslungen möglich, so läßt man die Indexvariable $\leqq$ unter den Zeichen ci und cf auch weg. Anschaulich bedeutet Koinitialität bzw. Konfinalität von A mit U, daß A in bezug auf $\leqq$ denselben Anfang bzw. dasselbe Ende nimmt wie U.

Beispiele: (1) Für die geordnete Menge $(\boldsymbol{R}, \leqq)$ der reellen Zahlen ist $\boldsymbol{R}$ koinitial und konfinal mit $\boldsymbol{Z}$, konfinal mit $\boldsymbol{N}$ und koinitial mit der Menge der negativen ganzen Zahlen.

(2) Für $(\boldsymbol{N}, \leqq)$ ist $\boldsymbol{N}$ koinitial mit $\{0\}$ und konfinal mit einer Teilmenge X genau dann, wenn X unendlich ist, und genau dann, wenn X unbeschränkt ist. Denn zunächst ist X unbeschränkt genau dann, wenn X unendlich ist (Satz 17a), Bd. II, § 7). Ist $\boldsymbol{N}$ cf X, so muß X unbeschränkt sein, da sonst $x \leqq n$ für ein $n \in \boldsymbol{N}$ und alle $x \in X$

wäre, womit es kein $x \in X$ gäbe mit $n + 1 \leqq x$; ist X unendlich, so muß $\boldsymbol{N}$ cf X sein, da sonst $x < n$ für ein $n \in \boldsymbol{N}$ und alle $x \in X$ wäre, also $X \subseteq \boldsymbol{N}(n)$ bei endlichem $\boldsymbol{N}(n)$.

„Koinitial" und „konfinal" sind duale Begriffe: Ist $(A, \leqq)$ eine geordnete Menge und $U \subseteq A$, so ist A koinitial bzw. konfinal mit U bzgl. $\leqq$ genau dann, wenn A konfinal bzw. koinitial mit U bzgl. $\geqq$ ist.

Beide Eigenschaften übertragen sich bei isomorpher Abbildung: Sind (A, R) und (B, S) geordnete Mengen, ist f ein Isomorphismus von A auf B bzgl. R, S und $X \subseteq A$, so ist A koinitial bzw. konfinal mit X bzgl. R genau dann, wenn B koinitial bzw. konfinal mit $f\langle X\rangle$ bzgl. S ist.

Für jede geordnete Menge $(A, \leqq)$, welche ein erstes Element $m = \min A$ bzw. ein letztes Element $m = \max A$ besitzt, ist A ci $\{m\}$ bzw. A cf $\{m\}$ und gilt allgemein für beliebige Teilmengen X:

$$A \text{ ci } X \leftrightarrow m \in X \quad \text{bzw.} \quad A \text{ cf } X \leftrightarrow m \in X.$$

Das Studium der Konfinalität bzw.Koinitialität innerhalb $(A, \leqq)$ erübrigt sich dann. Da unser Hauptaugenmerk später den wohlgeordneten Mengen $(A, \leqq)$ gilt und diese ein erstes Element besitzen (falls $A \neq \emptyset$), entfällt für sie der Begriff der Koinitialität. Wie geben deshalb der Konfinalität stets den Vorzug.

Satz 11. *Für geordnete Mengen* (A, R), *Teilmengen* $C \subseteq B \subseteq A$ und $S = R \,\|\, B$ *gilt:*

$$A \underset{R}{\text{cf}} A, \qquad A \underset{R}{\text{cf}} B \wedge B \underset{S}{\text{cf}} C \rightarrow A \underset{R}{\text{cf}} C,$$

$$A \underset{R}{\text{cf}} B \wedge B \underset{S}{\text{cf}} A \rightarrow A = B;$$

$$A \underset{R}{\text{ci}} A, \qquad A \underset{R}{\text{ci}} B \wedge B \underset{S}{\text{ci}} C \rightarrow A \underset{R}{\text{ci}} C,$$

$$A \underset{R}{\text{ci}} B \wedge B \underset{S}{\text{ci}} A \rightarrow A = B.$$

Beweis. Aus den Definitionen. ∎

Mit Satz 11 sind die Relationen Q_1, Q_2 in $\mathfrak{P}A$ mit für jedes $X, Y \subseteq A$:

$$XQ_1Y \leftrightarrow X \underset{\leqq \| X}{\mathrm{cf}} Y, \qquad XQ_2Y \leftrightarrow X \underset{\leqq \| X}{\mathrm{ci}} Y$$

Ordnungen in $\mathfrak{P}A$.

11. Intervalle. Man überträgt unmittelbar den Intervallbegriff aus der Theorie der reellen Zahlen auf beliebige geordnete Mengen.

Definition 13: $\mathfrak{A} = (A, \leqq)$ sei eine geordnete Menge: Für Elemente $a, b \in A$ mit $a \leqq b$ sei

$[a, b]_{\mathfrak{A}} = \{x \in A \mid a \leqq x \leqq b\}$
(gelesen: *abgeschlossenes Intervall a, b bzgl.* $\mathfrak{A}$),

$]a, b[_{\mathfrak{A}} = \{x \in A \mid a < x < b\}$
(gelesen: *offenes Intervall a, b bzgl.* $\mathfrak{A}$),

$[a, b[_{\mathfrak{A}} = \{x \in A \mid a \leqq x < b\}$
(gelesen: *rechtshalboffenes Intervall a, b bzgl.* $\mathfrak{A}$),

$]a, b]_{\mathfrak{A}} = \{x \in A \mid a < x \leqq b\}$
(gelesen: *linkshalboffenes Intervall a, b bzgl.* $\mathfrak{A}$),

$[a, \rightarrow[_{\mathfrak{A}} = \{x \in A \mid a \leqq x\}$
(gelesen: *linksabgeschlossenes Intervall a bzgl.* $\mathfrak{A}$),

$]a, \rightarrow[_{\mathfrak{A}} = \{x \in A \mid a < x\}$
(gelesen: *linksoffenes Intervall a bzgl.* $\mathfrak{A}$),

$]\leftarrow, b]_{\mathfrak{A}} = \{x \in A \mid x \leqq b\}$
(gelesen: *rechtsabgeschlossenes Intervall b bzgl.* $\mathfrak{A}$),

$]\leftarrow, b[_{\mathfrak{A}} = \{x \in A \mid x < b\}$
(gelesen: *rechtsoffenes Intervall b bzgl.* $\mathfrak{A}$).

Diese Intervalle heißen der Reihe nach gemäß den angegebenen Lesarten: das *abgeschlossene Intervall von a bis b*, . . ., das *rechtsoffene Intervall von b* in $\mathfrak{A}$ — auch: . . . in

A bzgl. $\leqq$ (analog bei den weiteren Begriffsbildungen von Definition 13) —. In allen Fällen heißen die jeweils auftretenden Elemente a, b die *Endpunkte* oder *Randpunkte* des betreffenden Intervalles; a ist der *linke* und b der *rechte Endpunkt* (*Randpunkt*). Oft wird der Begriff „Endpunkt" auch so verwendet, daß a *Anfangspunkt* und b *Endpunkt* des betreffenden Intervalles heißt. Es sei noch

$$]\leftarrow, \rightarrow[_{\mathfrak{A}} = A$$

(gelesen: *Totalintervall bzgl.* $\mathfrak{A}$)

das *Totalintervall* in $\mathfrak{A}$. Eine Teilmenge $I \subseteq A$ heißt ein *Intervall* von $\mathfrak{A}$, wenn I eines der aufgeführten Intervalle ist (einschließlich A). Die Intervalle der Formen

$$[a, b]_{\mathfrak{A}}, \quad]a, b[_{\mathfrak{A}}, [a, b[_{\mathfrak{A}}, \quad]a, b]_{\mathfrak{A}}$$

sind die *begrenzten Intervalle*, die Intervalle der Formen

$$[a, \rightarrow[_{\mathfrak{A}}, \ ]a, \rightarrow[_{\mathfrak{A}}, \ ]\leftarrow, b]_{\mathfrak{A}}, \ ]\leftarrow, b[_{\mathfrak{A}}, \ ]\leftarrow, \rightarrow[_{\mathfrak{A}}$$

die *unbegrenzten Intervalle* von $\mathfrak{A}$; dabei sind $[a, \rightarrow[_{\mathfrak{A}}$, $]a, \rightarrow[_{\mathfrak{A}}$ die *nach rechts unbegrenzten* und $]\leftarrow, b]_{\mathfrak{A}}$, $]\leftarrow, b[_{\mathfrak{A}}$ die *nach links unbegrenzten Intervalle* von $\mathfrak{A}$; $]\leftarrow, \rightarrow[_{\mathfrak{A}}$ ist das *beidseitig unbegrenzte Intervall* von $\mathfrak{A}$. ∎

Sind Verwechslungen ausgeschlossen, so läßt man die Indexvariable $\mathfrak{A}$ an den Klammern] und [auch weg. Spezialfälle von Definition 13 sind die früher bzgl. $(\boldsymbol{R}, \leqq)$ definierten reellen Intervalle (Definition 3, Bd. II, § 9) und die bzgl. $(\boldsymbol{N}, \leqq)$ definierten natürlichzahligen Intervalle (Bd. II, § 10, Abschn. 1).

Die Intervalle sind zueinander dual in folgendem Sinne: Ist $(A, \leqq)$ eine geordnete Menge und $a, b \in A$ mit $a \leqq b$, so ist

$$[a, b]_{(A,\leqq)} = [b, a]_{(A,\geqq)}, \ldots, [a, \rightarrow[_{(A,\leqq)} =]\leftarrow, a]_{(A,\geqq)}, \ldots,$$
$$]\leftarrow, \rightarrow[_{(A,\leqq)} =]\leftarrow, \rightarrow[_{(A,\geqq)}.$$

Der Intervallbegriff überträgt sich bei isomorpher Abbildung: Sind $\mathfrak{A} = (A, R)$ und $\mathfrak{B} = (B, S)$ geordnete

Mengen, ist f ein Isomorphismus von $\mathfrak{A}$ auf $\mathfrak{B}$ und $a, b \in A$, $a \leqq b$, so ist

$$f\langle[a, b]_{\mathfrak{A}}\rangle = [f(a), f(b)]_{\mathfrak{B}}, \ldots, \quad f\langle[a, \rightarrow[_{\mathfrak{A}}\rangle = [f(a), \rightarrow[_{\mathfrak{B}}, \ldots,$$

$$f\langle]\leftarrow, \rightarrow[_{\mathfrak{A}}\rangle =]\leftarrow, \rightarrow[_{\mathfrak{B}}.$$

Ist $(A, \leqq)$ eine geordnete Menge und A Kette (also $(A, \leqq)$ eine vollgeordnete Menge, vgl. § 3), so ist $\leqq$ erst recht eine Verbandsordnung in A, d. h. jede Zweiermenge $\{a, b\}$ besitzt eine untere und obere Grenze (vgl. Abschn. 13). Für eine Verbandsordnung ist, wie man durch Fallunterscheidung ausrechnet, der Durchschnitt $\Delta = I \cap J$ beliebiger Intervalle I, J wieder ein Intervall. Sind als Beispiel die abgeschlossenen Intervalle $[a, b], [c, d]$ gegeben und ist $\Delta = \emptyset$, so ist trivial $\Delta =]a, a[$; ist $\Delta \neq \emptyset$, so ist $\alpha \leqq \beta$ und $\Delta = [\alpha, \beta]$ für $\alpha = \sup\{a, c\}$, $\beta = \inf\{b, d\}$.

Für jedes Element a einer geordneten Menge $(A, \leqq)$ ist der Rest

$$\leqq\langle\langle a\rangle\rangle = \{x \in A \mid a \leqq x\} = [a, \rightarrow[,$$

womit dann $(A, \leqq)$ nach Satz 6b) isomorph zum geordneten Mengensystem sämtlicher Intervalle $]\leftarrow, x]$ ist.

Für wohlgeordnete Mengen werden Intervalle der Form $]\leftarrow, a[$ und die gegenüber solchen Intervallen (oder gleichwertig: gegenüber den Intervallen $]\leftarrow, a]$) abgeschlossenen Mengen von Interesse sein. Wir definieren deshalb:

Definition 14. $\mathfrak{A} = (A, \leqq)$ sei eine geordnete Menge: Eine Teilmenge $S \subseteq A$ heißt ein *Anfangsstück* oder *Segment* bzw. ein *Endstück* von $\mathfrak{A}$ — auch: . . . von A bzgl. $\leqq$ (analog bei den weiteren Begriffsbildungen von Definition 14) —, wenn

$$\forall x(x \in S \rightarrow]\leftarrow, x]_{\mathfrak{A}} \subseteq S)$$

oder gleichwertig

$$\forall x\, \forall y(x \in S \wedge y \in A \wedge y \leqq x \rightarrow y \in S)$$

gilt bzw. wenn

$$\forall x(x \in S \rightarrow [x, \rightarrow[_{\mathfrak{A}} \subseteq S)$$

oder gleichwertig

$$\forall x \forall y(x \in S \wedge y \in A \wedge x \leqq y \rightarrow y \in S)$$

gilt. Für jedes $a \in A$ sei

$$\mathrm{Ab}_{\mathfrak{A}}\, a \text{ (gelesen: \textit{Abschnitt a bzgl.} } \mathfrak{A}) =]\leftarrow, a[_{\mathfrak{A}}$$

der *Abschnitt von a* in $\mathfrak{A}$ und

$$\mathrm{Re}_{\mathfrak{A}}\, a \text{ (gelesen: \textit{Restschnitt a bzgl.} } \mathfrak{A}) =]a, \rightarrow[_{\mathfrak{A}}$$

der *Restschnitt von a* in $\mathfrak{A}$. Eine Teilmenge $S \subseteq A$ ist ein *Abschnitt* bzw. *Restschnitt* von $\mathfrak{A}$, wenn

$$S = \mathrm{Ab}_{\mathfrak{A}}\, a \quad \text{bzw.} \quad S = \mathrm{Re}_{\mathfrak{A}}\, a$$

für ein $a \in A$ gilt. ∎

Sind Verwechslungen ausgeschlossen, so läßt man die Indexvariable $\mathfrak{A}$ an den Zeichen Ab und Re auch weg. „Anfangsstück" und „Endstück" sind wieder duale Begriffe, ebenso „Abschnitt" und „Restschnitt". Alle Begriffe übertragen sich bei isomorpher Abbildung f zwischen geordneten Mengen $\mathfrak{A}$, $\mathfrak{B}$; speziell gilt für die Elemente x von $\mathfrak{A}$:

$$f\langle \mathrm{Ab}_{\mathfrak{A}} x\rangle = \mathrm{Ab}_{\mathfrak{B}}\, f(x), \qquad f\langle \mathrm{Re}_{\mathfrak{A}}\, x\rangle = \mathrm{Re}_{\mathfrak{B}}\, f(x).$$

Jeder Abschnitt bzw. Restschnitt einer geordneten Menge $(A, \leqq)$ ist ein Anfangs- bzw. Endstück von $(A, \leqq)$. $\emptyset$ und A sind Anfangs- und Endstücke von $(A, \leqq)$; A ist nie Abschnitt oder Restschnitt. Jedes Anfangsstück T eines Anfangsstückes S von A (d. h. T ist Anfangsstück von $(S, \leqq \| S)$, und S ist Anfangsstück von $(A, \leqq)$) ist Anfangsstück von A; ebenso bei Endstücken, Abschnitten und Restschnitten. Für jedes System $\mathfrak{S}$ von Anfangs- bzw. Endstücken von A sind $\bigcup \mathfrak{S}$ und (der auf A relativierte Durchschnitt) $\bigcap \mathfrak{S}$ wieder ein Anfangs- bzw. Endstück von A. In der Wohlordnungstheorie werden ausschließlich Segmente und Abschnitte Verwendung finden.

12. Nachbarn. So wie in der geordneten Menge $(\boldsymbol{N}, \leqq)$ der natürlichen Zahlen Nachfolger und Vorgänger auftreten, werden auch für beliebige wohlgeordnete Mengen diese Begriffe unter Bevorzugung des Nachfolgerbegriffes eine Rolle spielen.

Definition 15. $\mathfrak{A} = (A, \leqq)$ sei eine geordnete Menge und $a, b \in A$: a und b heißen *benachbart* (auch *konsekutiv*) oder *Nachbarn* in $\mathfrak{A}$ — auch: ... in A bzgl. $\leqq$ (analog bei den weiteren Begriffsbildungen von Definition 15) —, wenn

$$a < b \wedge]a, b[_{\mathfrak{A}} = \emptyset$$

gilt. Sind a, b benachbart in $\mathfrak{A}$, so heißt a ein (*unmittelbarer*) *Vorgänger* oder *vorderer Nachbar* von b in $\mathfrak{A}$ und b ein (*unmittelbarer*) *Nachfolger* oder *hinterer Nachbar* von a in $\mathfrak{A}$. Besitzt ein Element $a \in A$ genau einen Nachfolger bzw. genau einen Vorgänger, so heißt dieser der *Nachfolger* bzw. der *Vorgänger* von a in $\mathfrak{A}$ und wird bezeichnet mit:

$a'^{\mathfrak{A}}$ (gelesen: *Nachfolger a bzgl.* $\mathfrak{A}$
oder einfach: *a Strich bzgl.* $\mathfrak{A}$)

bzw.

${}^{\mathfrak{A}\prime}a$ (gelesen: *Vorgänger a bzgl.* $\mathfrak{A}$
oder einfach: *a links Strich bzgl.* $\mathfrak{A}$). ∎

Sind Verwechslungen nicht möglich, so läßt man den Index $\mathfrak{A}$ auch weg und schreibt einfach a', $'a$. Man halte zunächst „ein Vorgänger“ bzw. „ein Nachfolger“ und „der Vorgänger“ bzw. „der Nachfolger“ streng auseinander. Für vollgeordnete Mengen $(A, \leqq)$ — wenn also A eine Kette ist wie in den folgenden Beispielen (2)—(4) — wird es zu jedem Element höchstens einen Vorgänger und höchstens einen Nachfolger geben (vgl. Satz 12, § 3), so daß dann der Umgang mit den Begriffen „Vorgänger“ und „Nachfolger“ durchweg unmißverständlich ist.

Beispiele: (1) Für jede Menge A ist bei $x \in X \subseteq A$ und $y \in A \setminus X$ die Menge $X \setminus \{x\}$ ein Vorgänger und die Menge $X \cup \{y\}$ ein Nachfolger von X in $(\mathfrak{P}A, \subseteq)$.

(2) In $\boldsymbol{N}$ besitzt (in bezug auf die übliche Anordnung $\leqq$) jedes a den Nachfolger $a' = a + 1$ und im Falle $a \neq 0$ den Vorgänger $'a = a - 1$. In $\boldsymbol{Z}$ besitzt jedes a den Nachfolger $a' = a + 1$ und den Vorgänger $'a = a - 1$.

(3) $\boldsymbol{Q}$ und $\boldsymbol{R}$ besitzen überhaupt keine benachbarten Elemente; denn für Zahlen a, b aus $\boldsymbol{Q}$ bzw. $\boldsymbol{R}$ mit $a < b$ gibt es stets Zwischenzahlen, d. h. Zahlen x mit $a < x < b$.

(4) Ist $\mathfrak{B}$ ein Allbereich und $\mathfrak{A}$ das System aller Allmengen $X \in \mathfrak{B}$, so existiert nach Satz 8c), Bd. I § 5 in bezug auf das geordnete Mengensystem $(\mathfrak{A}, \subseteq)$ für jedes $X \in \mathfrak{A}$ der Nachfolger X', der natürlich mit dem Nachfolger X' der Definition 4, Bd. I, § 5 übereinstimmt, und eine Allmenge $X \in \mathfrak{A}$ besitzt genau dann keinen Vorgänger, wenn sie der Urbereich $\boldsymbol{U}$ oder ein Allbereich ist.

„Vorgänger“ und „Nachfolger“ sind duale Begriffe und übertragen sich bei isomorpher Abbildung f zwischen geordneten Mengen $\mathfrak{A}, \mathfrak{B}$; speziell existiert für Elemente x von $\mathfrak{A}$ der Nachfolger $x'^{\mathfrak{A}}$ bzw. der Vorgänger $^{\mathfrak{A}\prime}x$ genau dann, wenn der Nachfolger $f(x)'^{\mathfrak{B}}$ bzw. der Vorgänger $^{\mathfrak{B}\prime}f(x)$ existiert, und im Existenzfall ist

$$f(x'^{\mathfrak{A}}) = f(x)'^{\mathfrak{B}} \quad \text{bzw.} \quad f(^{\mathfrak{A}\prime}x) = {}^{\mathfrak{B}\prime}f(x).$$

Wie in Beispiel (4) wird allgemein für die Elemente wohlgeordneter Mengen der Unterschied von Wichtigkeit sein, ob ein Vorgänger existiert oder nicht. Wir definieren deshalb:

Definition 16. $\mathfrak{A} = (A, \leqq)$ sei eine geordnete Menge und $a \in A$: a ist ein *isoliertes Element* von $\mathfrak{A}$ — auch: ... von A bzgl. $\leqq$ —, wenn es für jedes $x \in A$ mit $x < a$ einen Vorgänger v von a gibt mit $x \leqq v$ und für jedes $x \in A$ mit $a < x$ einen Nachfolger n von a gibt mit $n \leqq x$; andernfalls ist a ein *Limeselement* von $\mathfrak{A}$ — auch: ... von A bzgl. $\leqq$ —. ∎

a ist isoliertes Element bzw. Limeselement von $(A, \leqq)$ genau dann, wenn a isoliertes Element bzw. Limeselement von $(A, \geqq)$ ist. Ist f ein Isomorphismus von $\mathfrak{A}$ auf $\mathfrak{B}$ und x Element von $\mathfrak{A}$, so ist x isoliertes Element bzw. Limeselement von $\mathfrak{A}$ genau dann, wenn $f(x)$ isoliertes Element bzw. Limeselement von $\mathfrak{B}$ ist.

13. Verbände. Die geordneten Mengen stehen in enger Beziehung zur Verbandstheorie, einer algebraischen Disziplin, deren Anfänge Mitte bis Ende des 19. Jahrhunderts von G. Boole, E. Schröder und R. Dedekind gelegt wurden. Diese Beziehung wollen wir kurz und rein informativ, ohne Beweise, erläutern.

Definition 17. Ein *Verband* ist ein Tripel $(A, \cap, \cup)$ ($\cap, \cup$ seien hier *Variable für Objekte*), wo A eine Menge ist und $\cap, \cup$ Operationen in A sind mit für beliebige $a, b, c \in A$:

$$\text{(1)}\quad \begin{aligned} a \cap b &= b \cap a \\ a \cup b &= b \cup a \end{aligned} \qquad (\textit{Kommutativität}),$$

$$\text{(2)}\quad \begin{aligned} (a \cap b) \cap c &= a \cap (b \cap c) \\ (a \cup b) \cup c &= a \cup (b \cup c) \end{aligned} \qquad (\textit{Assoziativität}),$$

$$\text{(3)}\quad \begin{aligned} a \cap (a \cup b) &= a \\ a \cup (a \cap b) &= a \end{aligned} \qquad (\textit{Verschmelzung}). \blacksquare$$

Die Forderungen (1)—(3) heißen die *Verbandsaxiome.*

Beispiele: (1) Boolesche Algebren (Definition 7, Bd. II, § 11) sind Verbände, auch *Boolesche Verbände* genannt. Jedes gegenüber Durchschnitts- und Vereinigungsbildung abgeschlossene Mengensystem $\mathfrak{M}$, d. h.

$$\forall X\, \forall Y (X, Y \in \mathfrak{M} \rightarrow X \cap Y, X \cup Y \in \mathfrak{M}),$$

bildet den *Mengenverband* $(\mathfrak{M}, \cap, \cup)$ (wo $\cap, \cup$ die mengentheoretische Durchschnitts- und Vereinigungsoperation in $\mathfrak{M}$ bedeuten). Speziell liegt für jede Menge A der *Potenzmengenverband* $(\mathfrak{P}A, \cap, \cup)$ vor.

(2) Systeme von Teilstrukturen einer Struktur liefern Beispiele für Verbände. Hat man etwa eine Gruppe $\mathfrak{G} = (G, \cdot)$ (Definition 2, Bd. II, § 11) und ist $\mathfrak{V}$ die Menge aller Untergruppen $(U, \cdot \mid U^2)$ von $\mathfrak{G}$ (d. h. $U \subseteq G$, und $(U, \cdot \mid U^2)$ ist wieder eine Gruppe), so ist $(\mathfrak{V}, \cap, \cup)$ ein Verband, wenn man für Untergruppen $\mathfrak{U}_1$, $\mathfrak{U}_2$ definiert:

$$\mathfrak{U}_1 \cap \mathfrak{U}_2 = (D, \cdot \mid D^2), \qquad \mathfrak{U}_1 \cup \mathfrak{U}_2 = (S, \cdot \mid S^2)$$

bei

$$D = U_1 \cap U_2,$$
$$S = \bigcap \{X \mid U_1 \cup U_2 \subseteq X \subseteq G \wedge (X, \cdot \mid X^2) \in \mathfrak{V}\}.$$

(3) $(\boldsymbol{N} \setminus \{0\}, \cap, \cup)$ ist ein Verband, wenn man für natürliche Zahlen $a \neq 0$ und $b \neq 0$ definiert:

$a \cap b =$ größter gemeinsamer Teiler von a, b,

$a \cup b =$ kleinstes gemeinsames Vielfaches von a, b.

Der enge Zusammenhang mit den geordneten Mengen besteht nun darin, daß man die Verbände auch als spezielle geordnete Mengen auffassen kann.

Definition 18. Eine Ordnung $\leqq$ in einer Menge A heißt eine *Verbandsordnung* in A und das Paar $(A, \leqq)$ eine *verbandsgeordnete Menge*, wenn für beliebige Elemente $a, b \in A$

$$\inf \{a, b\}, \qquad \sup \{a, b\}$$

existieren. ■

Definiert man dann in einem Verband $(A, \cap, \cup)$ für Elemente $a, b \in A$:

$$a \leqq b \leftrightarrow a \cap b = a,$$

was gleichwertig ist mit

$$a \leqq b \leftrightarrow a \cup b = b,$$

so ist $(A, \leqq)$ eine verbandsgeordnete Menge. Definiert man umgekehrt in einer verbandsgeordneten Menge $(A, \leqq)$ für Elemente $a, b \in A$:

$$a \cap b = \inf\{a, b\}, \qquad a \cup b = \sup\{a, b\},$$

so ist $(A, \cap, \cup)$ ein Verband. Auf diese Weise entsprechen sich Verbände und verbandsgeordnete Mengen umkehrbar eindeutig; denn geht man nach den angegebenen Konstruktionen von einem Verband $\mathfrak{A} = (A, \cap, \cup)$ zur verbandsgeordneten Menge $(A, \leqq)$ und von dieser zum Verband $\overline{\mathfrak{A}} = (A, \overline{\cap}, \overline{\cup})$ über, so ist $\overline{\mathfrak{A}} = \mathfrak{A}$, und geht man von einer verbandsgeordneten Menge $\mathfrak{A} = (A, \leqq)$ zum Verband $(A, \cap, \cup)$ und von diesem zur verbandsgeordneten Menge $\overline{\mathfrak{A}} = (A, \overline{\leqq})$ über, so ist $\overline{\mathfrak{A}} = \mathfrak{A}$.

14. Zusammenfassung der Begriffe. Für Relationen R und Mengen A, $\mathfrak{A}$ gilt:

R *reflexiv in* $A \leftrightarrow R \subseteq A \times A \wedge \forall x(x \in A \rightarrow xRx)$,

R *irreflexiv* $\leftrightarrow \forall x \neg xRx$,

R *transitiv* $\leftrightarrow \forall x \forall y \forall z(xRy \wedge yRz \rightarrow xRz)$,

R *symmetrisch* $\leftrightarrow \forall x \forall y(xRy \rightarrow yRx)$,

R *antisymmetrisch* $\leftrightarrow \forall x \forall y(xRy \wedge yRx \rightarrow x = y)$,

R *asymmetrisch* $\leftrightarrow \forall x \forall y(xRy \rightarrow \neg yRx)$,

R *Ordnung in* $A \leftrightarrow R$ *reflexiv in* $A \wedge R$ *transitiv* $\wedge R$ *antisymmetrisch*,

R *irreflexive Ordnung* $\leftrightarrow R$ *irreflexiv* $\wedge R$ *transitiv* $\wedge R$ *asymmetrisch*,

$\mathfrak{A}$ *geordnete Menge* $\leftrightarrow$
$\exists X \exists S$ (S *Ordnung in* $X \wedge \mathfrak{A} = (X, S)$),

R *Ordnung in* $A \rightarrow \underset{R}{\leqq} = R$, $\underset{R}{<} = R \setminus \mathrm{Id}_A$,
$\underset{R}{\geqq} = \left(\underset{R}{\leqq}\right)^{-1}$, $\underset{R}{>} = \left(\underset{R}{<}\right)^{-1}$.

Sind $\mathfrak{A} = (A, R)$ und $\mathfrak{B} = (B, S)$ geordnete Mengen und ist f eine Funktion von A in B, so gilt:

f wachsend bzgl. $\mathfrak{A}, \mathfrak{B} \leftrightarrow \forall x \, \forall y (x \leqq y \to f(x) \leqq f(y))$,
f fallend bzgl. $\mathfrak{A}, \mathfrak{B} \leftrightarrow \forall x \, \forall y (x \leqq y \to f(x) \geqq f(y))$,
f monoton bzgl. $\mathfrak{A}, \mathfrak{B} \leftrightarrow$ *f wachsend oder fallend bzgl.* $\mathfrak{A}, \mathfrak{B}$,
f echt wachsend bzgl. $\mathfrak{A}, \mathfrak{B} \leftrightarrow \forall x \, \forall y (x < y \to f(x) < f(y))$,
f echt fallend bzgl. $\mathfrak{A}, \mathfrak{B} \leftrightarrow \forall x \, \forall y (x < y \to f(x) > f(y))$,
f echt monoton bzgl. $\mathfrak{A}, \mathfrak{B} \leftrightarrow$
f echt wachsend oder echt fallend bzgl. $\mathfrak{A}, \mathfrak{B}$.

Es sei $\mathfrak{A} = (A, \leqq)$ eine geordnete Menge, $a, b \in A$ und $U \subseteq A$:

a minimales Element von $\mathfrak{A} \leftrightarrow \forall x (x \in A \to x \nless a)$,
a maximales Element von $\mathfrak{A} \leftrightarrow \forall x (x \in A \to a \nless x)$,
a minimales Element von U in $\mathfrak{A} \leftrightarrow$
$a \in U \wedge \forall x (x \in U \to x \nless a)$
a maximales Element von U in $\mathfrak{A} \leftrightarrow$
$a \in U \wedge \forall x (x \in U \to a \nless x)$,
a untere Schranke von U in $\mathfrak{A} \leftrightarrow \forall x (x \in U \to a \leqq x)$,
a obere Schranke von U in $\mathfrak{A} \leftrightarrow \forall x (x \in U \to x \leqq a)$,
a, b vergleichbar (komparabel) in $\mathfrak{A} \leftrightarrow a \leqq b \vee b \leqq a$.

Es sei $\mathfrak{A} = (A, \leqq)$ eine geordnete Menge, $U \subseteq A$, $\underline{S}$ bzw. $\overline{S}$ die Menge der unteren bzw. oberen Schranken von U in $\mathfrak{A}$, $\mathfrak{M}$ ein Mengensystem und f eine Funktion über $D = \mathrm{D}(f)$ mit $\mathrm{W}(f) \subseteq A$:

U Kette von $\mathfrak{A} \leftrightarrow \forall x \, \forall y (x, y \in U \to x \leqq y \vee y \leqq x)$,
$\mathfrak{M}$ *Mengenkette (Kette)* $\leftrightarrow$
$\forall X \, \forall Y (X, Y \in \mathfrak{M} \to X \subseteq Y \vee Y \subseteq X)$,
U nach unten beschränkt in $\mathfrak{A} \leftrightarrow$
$\exists a$(*a untere Schranke von U in* $\mathfrak{A}$),
U nach oben beschränkt in $\mathfrak{A} \leftrightarrow$
$\exists a$(*a obere Schranke von U in* $\mathfrak{A}$),

U beschränkt in $\mathfrak{A}$ $\leftrightarrow$
U nach unten und nach oben beschränkt in $\mathfrak{A}$,

$\mathfrak{A}$ linksinduktiv $\leftrightarrow$
$\forall K$*(K Kette von $\mathfrak{A}$* $\rightarrow$ *K nach unten beschränkt in $\mathfrak{A}$)*,

$\mathfrak{A}$ rechtsinduktiv $\leftrightarrow$
$\forall K$*(K Kette von $\mathfrak{A}$* $\rightarrow$ *K nach oben beschränkt in $\mathfrak{A}$)*,

$\mathfrak{M}$ linksinduktiv $\leftrightarrow$ $(\mathfrak{M}, \subseteq)$ *linksinduktiv*,

$\mathfrak{M}$ rechtsinduktiv $\leftrightarrow$ $(\mathfrak{M}, \subseteq)$ *rechtsinduktiv*,

$$\exists a(a \in A \wedge \forall x(x \in A \rightarrow a \leqq x)) \rightarrow \min \mathfrak{A} = \min_{\leqq} A = \iota\, a(a \in A \wedge \forall x(x \in A \rightarrow a \leqq x)),$$

$$\exists a(a \in A \wedge \forall x(x \in A \rightarrow x \leqq a)) \rightarrow \max \mathfrak{A} = \max_{\leqq} A = \iota\, a(a \in A \wedge \forall x(x \in A \rightarrow x \leqq a)),$$

$$\exists a(a \in U \wedge \forall x(x \in U \rightarrow a \leqq x)) \rightarrow \min_{\mathfrak{A}} U = \min\,(U, \leqq \| U),$$

$$\exists a(a \in U \wedge \forall x(x \in U \rightarrow x \leqq a)) \rightarrow \max_{\mathfrak{A}} U = \max\,(U, \leqq \| U),$$

$$\exists x(x = \max_{\mathfrak{A}} \underline{S}) \rightarrow \inf_{\mathfrak{A}} U = \max_{\mathfrak{A}} \underline{S},$$

$$\exists x(x = \min_{\mathfrak{A}} \overline{S}) \rightarrow \sup_{\mathfrak{A}} U = \min_{\mathfrak{A}} \overline{S},$$

$$\exists x(x = \min_{\mathfrak{A}} \mathrm{W}(f)) \rightarrow \min_{x \in D}{}^{\mathfrak{A}} f(x) = \min_{\mathfrak{A}} \mathrm{W}(f),$$

$$\exists x(x = \max_{\mathfrak{A}} \mathrm{W}(f)) \rightarrow \max_{x \in D}{}^{\mathfrak{A}} f(x) = \max_{\mathfrak{A}} \mathrm{W}(f),$$

$$\exists x(x = \inf_{\mathfrak{A}} \mathrm{W}(f)) \rightarrow \inf_{x \in D}{}^{\mathfrak{A}} f(x) = \inf_{\mathfrak{A}} \mathrm{W}(f),$$

$$\exists x(x = \sup_{\mathfrak{A}} \mathrm{W}(f)) \rightarrow \sup_{x \in D}{}^{\mathfrak{A}} f(x) = \sup_{\mathfrak{A}} \mathrm{W}(f),$$

$$A \underset{\leqq}{\mathrm{cf}}\, U \leftrightarrow \forall a\, \exists u(a \in A \rightarrow u \in U \wedge a \leqq u),$$

$$A \underset{\leqq}{\mathrm{ci}}\, U \leftrightarrow \forall a\, \exists u(a \in A \rightarrow u \in U \wedge u \leqq a).$$

Es sei $\mathfrak{A} = (A, \leqq)$ eine geordnete Menge, $a, b \in A$ mit $a \leqq b$ und $S \subseteq A$:

$[a, b]_{\mathfrak{A}} = \{x \in A \mid a \leqq x \leqq b\}$,

$]a, b[_{\mathfrak{A}} = \{x \in A \mid a < x < b\}$,

$[a, b[_{\mathfrak{A}} = \{x \in A \mid a \leqq x < b\}$,

$]a, b]_{\mathfrak{A}} = \{x \in A \mid a < x \leqq b\}$,

$[a, \rightarrow[_{\mathfrak{A}} = \{x \in A \mid a \leqq x\}$,

$]a, \rightarrow[_{\mathfrak{A}} = \{x \in A \mid a < x\}$,

$]\leftarrow, b]_{\mathfrak{A}} = \{x \in A \mid x \leqq b\}$,

$]\leftarrow, b[_{\mathfrak{A}} = \{x \in A \mid x < b\}$,

$]\leftarrow, \rightarrow[_{\mathfrak{A}} = A$,

S *Anfangsstück (Segment) von* $\mathfrak{A} \leftrightarrow$
$$\forall x \forall y (x \in S \wedge y \in A \wedge y \leqq x \rightarrow y \in S),$$

S *Endstück von* $\mathfrak{A} \leftrightarrow$
$$\forall x \forall y (x \in S \wedge y \in A \wedge x \leqq y \rightarrow y \in S),$$

$\mathrm{Ab}_{\mathfrak{A}}\, a =]\leftarrow, a[_{\mathfrak{A}}$, $\qquad \mathrm{Re}_{\mathfrak{A}}\, a =]a, \rightarrow[_{\mathfrak{A}}$,

S *Abschnitt von* $\mathfrak{A} \leftrightarrow \exists x (x \in A \wedge S = \mathrm{Ab}_{\mathfrak{A}}\, x)$,

S *Restschnitt von* $\mathfrak{A} \leftrightarrow \exists x (x \in A \wedge S = \mathrm{Re}_{\mathfrak{A}}\, x)$,

a, b *benachbart (konsekutiv) in* $\mathfrak{A} \leftrightarrow a < b \wedge]a, b[_{\mathfrak{A}} = \emptyset$,

b *Nachfolger von* a *in* $\mathfrak{A} \leftrightarrow a, b$ *benachbart in* $\mathfrak{A}$,

a *Vorgänger von* b *in* $\mathfrak{A} \leftrightarrow a, b$ *benachbart in* $\mathfrak{A}$,

$\exists!!x(x$ *Nachfolger von* a *in* $\mathfrak{A}) \rightarrow$
$(\textit{Nachfolger von } a \textit{ in } \mathfrak{A}) = a'^{\mathfrak{A}}$
$= \iota x(x \textit{ Nachfolger von } a \textit{ in } \mathfrak{A})$,

$\exists!!x(x$ *Vorgänger von* a *in* $\mathfrak{A}) \rightarrow$
$(\textit{Vorgänger von } a \textit{ in } \mathfrak{A}) = {}^{\mathfrak{A}\prime}a$
$= \iota x(x \textit{ Vorgänger von } a \textit{ in } \mathfrak{A})$,

a isoliertes Element von $\mathfrak{A}$

$$\leftrightarrow \forall x\, \exists v(x < a \to v \text{ Vorgänger von } a \text{ in } \mathfrak{A} \wedge x \leqq v)$$
$$\wedge\, \forall x\, \exists n(a < x \to n \text{ Nachfolger von } a \text{ in } \mathfrak{A} \wedge n \leqq x),$$

a Limeselement von $\mathfrak{A} \leftrightarrow \neg$ *a isoliertes Element von* $\mathfrak{A}$.

§ 3. Vollordnungen

1. Definition und Beispiele.

Definition 1. R sei eine Relation und A eine Menge:

R ist *linear in* $A \leftrightarrow$

$$R \subseteq A \times A \wedge \forall x\, \forall y\, (x, y \in A \to xRy \vee yRx),$$

R ist *konnex in* $A \leftrightarrow$

$$R \subseteq A \times A \wedge \forall x\, \forall y(x, y \in A \to xRy \vee x = y \vee yRx);$$

die Elemente von A sind reflexiv bzw. *irreflexiv vergleichbar bzgl. R* oder *es besteht in A reflexive* bzw. *irreflexive Vergleichbarkeit bzgl. R*, falls R linear bzw. konnex in A ist; R ist *trichotom in A*, wenn $R \subseteq A \times A$ ist und für Elemente $x, y \in A$ von den drei Fällen

$$xRy, \qquad x = y, \qquad yRx$$

stets genau einer eintritt, d. h. wenn R konnex in A ist (es ist dann $R \subseteq A \times A$, und von den drei Fällen tritt mindestens einer ein) und wenn

$$xRy \to x \neq y \wedge \neg\, yRx,$$
$$x = y \to \neg\, xRy \wedge \neg\, yRx,$$
$$yRx \to \neg\, xRy \wedge x \neq y$$

für beliebige Objekte x, y gilt (von den drei Fällen tritt höchstens einer ein). R ist eine (*reflexive*) *Vollordnung in A*, falls R eine Ordnung in A und in A linear ist; R ist eine (*reflexive*) *Vollordnung*, falls es eine Menge X gibt, so daß

R eine Vollordnung in X ist; R ist eine *irreflexive* (oder *strikte*) *Vollordnung in* A, falls R eine irreflexive Ordnung und in A konnex ist; R ist eine *irreflexive* (oder *strikte*) *Vollordnung*, falls es eine Menge X gibt, so daß R eine irreflexive Vollordnung in X ist. ∎

Für „Vollordnung" sagt man in der Literatur oft auch *totale* (oder *vollständige*) *Ordnung* oder *Ordnung* (jeweils wieder mit dem Zusatz „reflexiv" bzw. „irreflexiv"); die reflexiven bzw. irreflexiven Vollordnungen heißen auch *lineare* bzw. *konnexe Ordnungen*. Wir verwenden ausschließlich die Terminologie von Definition 1. Reflexive und irreflexive Vollordnungen seien gemeinsam die *Vollordnungsrelationen*. Sie sind spezielle Ordnungsrelationen.

Wie bei Ordnungen ist erst recht zu einer Vollordnung R in A die Menge A eindeutig bestimmt durch

$$A = \mathrm{Fd}\, R = \mathrm{Vb}\, R = \mathrm{Nb}\, R.$$

Zu einer irreflexiven Vollordnung R in A, wobei A mindestens zwei Elemente enthalte, ist A eindeutig bestimmt durch

$$A = \mathrm{Fd}\, R;$$

es braucht nicht $A = \mathrm{Vb}\, R$ und nicht $A = \mathrm{Nb}\, R$ zu sein, wie das Beispiel

$$A = \{a, b\}, \qquad R = \{(a, b)\}$$

(bei $a \neq b$) zeigt. $\emptyset$ ist eine irreflexive Vollordnung in $\emptyset$ und in jeder Einermenge $\{a\}$ und eine Vollordnung in $\emptyset$. Für Relationen R in A ist nach Definition 1 R eine Vollordnung in A genau dann, wenn für alle $a, b, c \in A$ gilt:

(1) aRa (*Reflexivität*),

(2) $aRb \wedge bRc \rightarrow aRc$ (*Transitivität*),

(3) $aRb \wedge bRa \rightarrow a = b$ (*Antisymmetrie*),

(4) $aRb \vee bRa$ (*Linearität, Vergleichbarkeit*);

R ist eine irreflexive Vollordnung in A genau dann, wenn für alle $a, b, c \in A$ gilt:

(1′) $\neg\, aRa$ (*Irreflexivität*),
(2′) $aRb \wedge bRc \rightarrow aRc$ (*Transitivität*),
(3′) $aRb \rightarrow \neg\, bRa$ (*Asymmetrie*),
(4′) $aRb \vee a = b \vee bRa$ (*Konnexität, Vergleichbarkeit*).

Die Forderungen (1)—(4) heißen die *Vollordnungsaxiome* oder die *Axiome der (reflexiven) Vollordnung*, die Forderungen (1′)—(4′) die *Axiome der irreflexiven Vollordnung.* Axiom (1) folgt aus (4) und wäre somit entbehrlich. Aus (1′), (3′) und (4′) folgt die Trichotomie in A jeder irreflexiven Vollordnung in A.

Derselbe unmittelbare Zusammenhang, wie er zwischen reflexiven und irreflexiven Ordnungen durch Satz 1 b), § 2 zum Ausdruck kommt, besteht auch für Vollordnungsrelationen; denn ist R eine reflexive bzw. irreflexive Vollordnung in A, so ist wieder

$$R' = R \setminus \mathrm{Id}_A \quad \text{bzw.} \quad R^* = R \cup \mathrm{Id}_A$$

eine irreflexive bzw. reflexive Vollordnung in A, die *zu R gehörige irreflexive* bzw. *reflexive Vollordnung.* In bezug auf eine Ordnung R in A besteht also reflexive Vergleichbarkeit in A genau dann, wenn in bezug auf die irreflexive Ordnung $R' = R \setminus \mathrm{Id}_A$ irreflexive Vergleichbarkeit in A besteht, und man spricht deshalb bei R wie bei R' auch einfach von *Vergleichbarkeit.*

Die neuen Grundbegriffe lassen sich noch folgendermaßen charakterisieren:

Satz 1. *Für Mengen A und Relationen R gilt:*

R linear in A $\leftrightarrow R \cup R^{-1} = A \times A$,

R konnex in A $\leftrightarrow R \cup R^{-1} \cup \mathrm{Id}_A = A \times A$,

R trichotom in A $\leftrightarrow$

$$R \cup R^{-1} \cup \mathrm{Id}_A = A \times A \wedge R \cap R^{-1} = R \cap \mathrm{Id}_A = \emptyset,$$

R Vollordnung in A $\leftrightarrow$
$$R \circ R = R \wedge R \cap R^{-1} = \mathrm{Id}_A \wedge R \cup R^{-1} = A \times A,$$
R irreflexive Vollordnung in A $\leftrightarrow$
$$R \circ R \subseteq R \wedge R \cap \mathrm{Id}_A = \emptyset \wedge R \cup R^{-1} \cup \mathrm{Id}_A = A \times A.$$

Beweis. Aus den Definitionen und Satz 2, § 2. ∎

Satz 2. *Für Mengen A und Relationen R gilt:*
$$\begin{aligned} &R \textit{ linear in } A \leftrightarrow R^{-1} \textit{ linear in } A, \\ &R \textit{ konnex in } A \leftrightarrow R^{-1} \textit{ konnex in } A, \\ &R \textit{ trichotom in } A \leftrightarrow R^{-1} \textit{ trichotom in } A, \\ &R \textit{ Vollordnung in } A \leftrightarrow R^{-1} \textit{ Vollordnung in } A, \\ &R \textit{ irreflexive Vollordnung in } A \leftrightarrow R^{-1} \textit{ irreflexive Vollordnung in } A. \end{aligned}$$

Beweis. Aus den Definitionen. ∎

Die Vollordnungsaxiome ergeben in Ordnungsschreibweise (vgl. § 2, Abschn. 2) und als strukturelle Grundlage der Theorie der vollgeordneten Mengen den

Satz 3. *Für Mengen A, Vollordnungen* $\leqq$ *in A und beliebige Elemente* $a, b, c \in A$ *gilt* (bei $< \; = \; \leqq \setminus \mathrm{Id}_A$):

$$a \leqq b \leftrightarrow a < b \vee a = b, \qquad a < b \leftrightarrow a \leqq b \wedge a \neq b,$$

$a \leqq a$	(*Reflexivität*),
$a \leqq b \wedge b \leqq c \to a \leqq c$	(*Transitivität*),
$a \leqq b \wedge b \leqq a \to a = b$	(*Antisymmetrie*),
$a \leqq b \vee b \leqq a$	(*Linearität, Vergleichbarkeit*),
$a \nless a$	(*Irreflexivität*),
$a < b \wedge b < c \to a < c$	(*Transitivität*),
$a < b \to b \nless a$	(*Asymmetrie*),
$a < b \vee a = b \vee b < a$	(*Konnexität, Vergleichbarkeit*),

$$a < b \leqq c \vee a \leqq b < c \to a < c,$$
$$a < b \leftrightarrow b \nleqq a, \qquad a \leqq b \leftrightarrow b \nless a.$$

Beweis. Aus Satz 4, § 2 und Definition 1. ∎

Man ersieht an Satz 3 besonders deutlich, daß die Vollordnungen in einer Menge A diejenigen Ordnungen $\leqq$ in A sind, für welche A — und auch jede Teilmenge $U \subseteq A$ — nach Definition 7, § 2 eine Kette von $(A, \leqq)$ ist. Damit sind die Termini „linear“ und „konnex“ gerechtfertigt. Jede Vollordnung in A ist eine Verbandsordnung in A.

Beispiele für Vollordnungsrelationen:

(1) Nicht jede Ordnung ist eine Vollordnung: Ist A eine Menge mit wenigstens zwei Elementen, so ergibt $\subseteq$ keine Vollordnung in $\mathfrak{P}A$; denn für $a, b \in A$ mit $a \neq b$ sind die Einermengen $\{a\}$, $\{b\}$ hinsichtlich $\subseteq$ unvergleichbar; es gilt weder $\{a\} \subseteq \{b\}$ noch $\{b\} \subseteq \{a\}$. $\subset$ ist dann auch keine irreflexive Vollordnung in $\mathfrak{P}A$.

(2) Die Anordnungsbeziehungen $\leqq$ und $<$ in den Zahlenmengen $\boldsymbol{N}$, $\boldsymbol{Z}$, $\boldsymbol{Q}$, $\boldsymbol{R}$ sind reflexive bzw. irreflexive Vollordnungen in diesen Mengen.

(3) $\sqsubseteq$ bzw. $\sqsubset$ bildet nach den Sätzen 3d), 4, Bd. I, § 5 und den Bemerkungen hinter Satz 12, Bd. I, § 5 eine reflexive bzw. irreflexive Vollordnung im Bereich der Allmengen und im Bereich der Stufen. $\subseteq$ bzw. $\subset$ bildet eine reflexive bzw. irreflexive Vollordnung im Bereich der Allmengen. (Zur exakten Bedeutung dieser Redeweisen vgl. die Beispiele (2), (3) aus § 2, Abschn. 1).

(4) Ist $(A, \leqq)$ eine geordnete Menge, so sind die Ketten von A bzgl. $\leqq$ diejenigen Teilmengen $K \subseteq A$, für welche die induzierte Ordnung $\leqq \| K$ eine Vollordnung in K ist. Leere Menge $\emptyset$ und Einermengen $\{a\}$ (für beliebige $a \in A$) sind stets Ketten.

(5) Ist R eine reflexive bzw. irreflexive Vollordnung in A und $U \subseteq A$, so ist die auf U eingeschränkte Relation

$$R' = R \| U = R \cap (U \times U)$$

wieder eine reflexive bzw. irreflexive Vollordnung in U, die *durch R in U induzierte (reflexive) Vollordnung* bzw.

irreflexive Vollordnung. Nach Satz 2 ist R^{-1} eine reflexive bzw. irreflexive Vollordnung in A, die *zu R duale (reflexive) Vollordnung* bzw. *duale irreflexive Vollordnung*.

2. Vollgeordnete Mengen, Isomorphie.

Definition 2. Ist A eine Menge und $\leqq$ eine Vollordnung in A, so heißt das Paar $(A, \leqq)$ die *durch $\leqq$ vollgeordnete Menge A*. Eine Menge $\mathfrak{A}$ ist eine *vollgeordnete Menge*, wenn es eine Menge A und eine Vollordnung $\leqq$ in A gibt mit $\mathfrak{A} = (A, \leqq)$. ∎

Vollgeordnete Mengen heißen auch *Vollordnungsstrukturen*. Sie sind spezielle Ordnungsstrukturen.

Beispiele für vollgeordnete Mengen liefern sofort die reflexiven Fälle der Beispiele (2)—(5) aus Abschn. 1, wenn man dort jeweils die Grundmengen und Vollordnungen zu Paaren zusammenfaßt. Speziell versteht man unter einem *vollgeordneten Mengensystem* ein geordnetes Mengensystem $(\mathfrak{M}, \subseteq)$, dessen Inklusion $\subseteq$ eine Vollordnung in $\mathfrak{M}$ ist (d. h. $\mathfrak{M}$ ist eine Kette); entsprechend ist ein *entgegengesetzt vollgeordnetes Mengensystem* $(\mathfrak{M}, \supseteq)$ definiert. Eine *vollgeordnete Untermenge* (*vollgeordnete Teilmenge*) bzw. *vollgeordnete Obermenge* einer geordneten Menge $\mathfrak{A}$ ist eine geordnete Untermenge bzw. geordnete Obermenge von $\mathfrak{A}$, welche eine vollgeordnete Menge ist. Für vollgeordnete Mengen $\mathfrak{A} = (A, R)$ und geordnete Mengen $\mathfrak{B} = (B, S)$ gilt sofort:

$$\mathfrak{A} \text{ vollgeordnete Untermenge von } \mathfrak{B} \leftrightarrow$$

$$A \subseteq B \wedge R = S \parallel A \leftrightarrow R = S \parallel A \leftrightarrow R \subseteq S.$$

Für jede vollgeordnete Menge $\mathfrak{A} = (A, \leqq)$ und jede Teilmenge $U \subseteq A$ ist $\mathfrak{U} = (U, \leqq \parallel U)$ eine vollgeordnete Untermenge von $\mathfrak{A}$.

Gemäß der Bedeutung der Isomorphie als Strukturtypgleichheit besteht der

Satz 4. *Für durch eine Relation geregelte Mengen* (A, R), (B, S) *gilt unter der Voraussetzung* $(A, R) \simeq (B, S)$:

$$R \text{ linear in } A \leftrightarrow S \text{ linear in } B,$$
$$R \text{ konnex in } A \leftrightarrow S \text{ konnex in } B,$$
$$R \text{ trichotom in } A \leftrightarrow S \text{ trichotom in } B,$$
$$R \text{ irreflexive Vollordnung in } A \leftrightarrow S \text{ irreflexive Vollordnung in } B,$$
$$(A, R) \text{ vollgeordnete Menge} \leftrightarrow (B, S) \text{ vollgeordnete Menge.}$$

Beweis. Man zeigt die Behauptungen nach dem Muster des Beweises zu Satz 3, § 1. ∎

Satz 5. *Für vollgeordnete Mengen* $\mathfrak{A} = (A, R)$, *geordnete Mengen* $\mathfrak{B} = (B, S)$ *und Funktionen* f *von* A *in* B *gilt*:

a) f *wachsend bzw. fallend bzgl.* $\mathfrak{A}, \mathfrak{B} \wedge f$ *umkehrbar*
$\leftrightarrow f$ *echt wachsend bzw. echt fallend bzgl.* $\mathfrak{A}, \mathfrak{B}$,

b) f *Isomorphismus von* $\mathfrak{A}$ *auf* $\mathfrak{B}$
$\leftrightarrow f$ *echt wachsend bzgl.* $\mathfrak{A}, \mathfrak{B} \wedge \mathrm{W}(f) = B$
$\leftrightarrow f$ *eineindeutige Abbildung von* A *auf* $B \wedge$

$$\forall x \forall y (x \leqq y \to f(x) \leqq f(y)).$$

Beweis. a) Nach Satz 7a), § 2 gilt ($\to$). Nun zu ($\leftarrow$). Ist f echt monoton und $x, y \in A$ mit $x \neq y$, so folgt $x < y$ oder $y < x$ aus der Konnexität von $\underset{R}{<}$, also $f(x) < f(y)$ oder $f(y) < f(x)$, also $f(x) \neq f(y)$. Damit ist f umkehrbar.

b) Ist f Isomorphismus, so ist f umkehrbar mit $\mathrm{W}(f) = B$ und wächst nach Satz 7b), § 2, womit f nach a) auch echt wächst. Ist umgekehrt $\mathrm{W}(f) = B$ und f echt wachsend, so ist f nach a) eine wachsende eineindeutige Abbildung von A auf B. Auch f^{-1} wächst; denn ist $x, y \in B$ mit $x \leqq y$, so folgt $f^{-1}(x) \leqq f^{-1}(y)$, da sonst $f^{-1}(y) < f^{-1}(x)$ wäre, also

$$y = f(f^{-1}(y)) < f(f^{-1}(x)) = x$$

im Widerspruch zu $x \leqq y$. Insgesamt ist f nach Satz 7b), § 2 ein Isomorphismus. Damit gilt die erste Äquivalenz ($\leftrightarrow$); die zweite folgt aus a). ∎

3. Ergänzungen. Wir wollen die bei Vollordnungen zusätzlich gültigen Eigenschaften der in § 2 bereitgestellten ordnungstheoretischen Grundbegriffe aufzeigen.

Nach Satz 9, § 2 fällt für die Teilmengen $M \subseteq A$ einer vollgeordneten Menge $(A, \leqq)$ – also auch für A selbst – das kleinste Element $\min M$ zusammen mit den minimalen Elementen von M und fällt das größte Element $\max M$ zusammen mit den maximalen Elementen von M.

Satz 6. *Für vollgeordnete Mengen $(A, \leqq)$ und Teilmengen $M \subseteq A$ gilt:*

$$M \neq \emptyset \wedge M \textit{ endlich} \rightarrow$$
$$\exists m \; m = \min M \wedge \exists m \; m = \max M.$$

Beweis. Satz 9, § 2. ∎

Speziell existieren Minimum und Maximum jeder nichtleeren endlichen vollgeordneten Menge $(A, \leqq)$. Die in Satz 6 ausgedrückte *endliche Minimum-* bzw. *Maximumbedingung* ist für Vollordnungen charakteristisch:

Satz 7. *Für Mengen A und Relationen $\leqq$ in A gilt:*

a) $\leqq$ *Vollordnung in* $A \leftrightarrow$
$$\forall M(\emptyset \neq M \subseteq A \wedge M \textit{ endlich} \rightarrow \exists!\, m(m \in M \wedge \forall x(x \in M \rightarrow m \leqq x))),$$

b) $\leqq$ *Vollordnung in* $A \leftrightarrow$
$$\forall M(\emptyset \neq M \subseteq A \wedge M \textit{ endlich} \rightarrow \exists!\, m(m \in M \wedge \forall x(x \in M \rightarrow x \leqq m))).$$

Beweis. Unter Vermittlung der Umkehrrelation $\leqq^{-1}$ folgen a) und b) gegenseitig auseinander. Es genügt, a) zu beweisen.

$(\rightarrow)$ ist Satz 6. $(\leftarrow)$ Es sei $\leqq$ eine Relation A, und jede nichtleere endliche Teilmenge $M \subseteq A$ besitze genau ein Element $m \in M$ mit $m \leqq x$ für alle $x \in M$. Zu zeigen sind die Vollordnungsaxiome für $\leqq$ in A. Zunächst ist $\leqq$ linear in A und damit auch reflexiv in A. Denn sind a, b

$\in A$, so ist $M = \{a, b\}$ nichtleer und endlich, und es existiert nach Voraussetzung ein $m \in M$ mit $m \leqq a, b$. Ist $m = a$, so ist $a \leqq b$; ist $m = b$, so ist $b \leqq a$; also generell $a \leqq b \vee b \leqq a$. Als nächstes zeigen wir die Antisymmetrie von $\leqq$. Sind wieder $a, b \in A$ und $M = \{a, b\}$, so sei m das eindeutig bestimmte Element von M mit $m \leqq a, b$. Es ist zu zeigen $a \leqq b \wedge b \leqq a \rightarrow a = b$. Ist aber $a \leqq b$, so ist $m = a$ wegen auch $a \leqq a$; ebenso folgt $m = b$ aus $b \leqq a$ und $b \leqq b$; damit ist $a = b$ unter der Voraussetzung $a \leqq b \wedge b \leqq a$. Schließlich zeigen wir noch die Transitivität von $\leqq$, womit dann $\leqq$ eine Vollordnung in A ist. Sind $a, b, c \in A$ und $M = \{a, b, c\}$, so sei $m \in M$ mit $m \leqq a, b, c$. Es ist zu zeigen $a \leqq b \wedge b \leqq c \rightarrow a \leqq c$. Ist $m = a$, so gilt $a \leqq c$. Ist $m = b$, so gilt $b \leqq a$; mit $a \leqq b$ folgt dann $a = b$ und mit $b \leqq c$ schließlich $a \leqq c$. Ist $m = c$, so gilt $c \leqq b$; mit $b \leqq c$ folgt dann $b = c$ und mit $a \leqq b$ schließlich $a \leqq c$. Damit ist stets $a \leqq c$ unter der Voraussetzung $a \leqq b \wedge b \leqq c$. ∎

Satz 8. *Für vollgeordnete Mengen* $(A, \leqq)$, $M \subseteq A$ *und* $a \in A$ *gilt:*

a) $a = \inf M \leftrightarrow a$ *untere Schranke von* M $\wedge$

$$\forall x\, \exists y (x \in A \wedge a < x \rightarrow y \in M \wedge a \leqq y < x),$$

b) $a = \sup M \leftrightarrow a$ *obere Schranke von* M $\wedge$

$$\forall x\, \exists y (x \in A \wedge x < a \rightarrow y \in M \wedge x < y \leqq a).$$

Beweis. a) und b) folgen durch Dualisierung auseinander, d. h. unter Vermittlung der entgegengesetzten Vollordnung $\geqq$. Wir zeigen a). Sei also $M \subseteq A$, $\leqq$ eine Vollordnung in A und $a \in A$. ($\rightarrow$) Ist $a = \inf M$, so ist a die größte untere Schranke von M. Ist also $a < x$ für ein $x \in A$, so kann x keine untere Schranke von M sein, es kann nicht $x \leqq y$ für alle $y \in M$ gelten. Für ein dann existierendes $y \in M$ mit $x \nleqq y$ gilt also $y < x$ auf Grund der Linearität von $\leqq$, also insgesamt $a \leqq y < x$. ($\leftarrow$) Ist a untere Schranke von M mit der Eigenschaft, daß es zu jedem $x \in A$ mit $a < x$ ein $y \in M$ mit $a \leqq y < x$ gibt, so gilt $x \leqq a$ für jede weitere untere Schranke x von M, da im Falle $x \not\leqq a$ doch $a < x$ und somit x keine untere Schranke von M wäre. Also ist $a = \inf M$. ∎

Für vollgeordnete Mengen $(A, \leqq)$ und Elemente a, $b \in A$ mit $a \leqq b$ hat man sofort die folgenden disjunkten Intervallaufteilungen von A:

$$A =]\leftarrow, a[\cup [a, b] \cup]b, \rightarrow[,$$

analog bei $]a, b[$, $[a, b[$, $]a, b]$;

$$A =]\leftarrow, a[\cup [a, \rightarrow[=]\leftarrow, a] \cup]a, \rightarrow[$$

oder

$$A = \text{Ab}\, a \cup [a, \rightarrow[=]\leftarrow, a] \cup \text{Re}\, a,$$

$$A = \text{Ab}\, a \cup \{a\} \cup \text{Re}\, a.$$

In Analogie zur geometrischen Konvexität von Punktmengen (mit zwei Punkten gehören alle auf ihrer Verbindungsstrecke gelegenen Zwischenpunkte mit zur Menge) definiert man:

Definition 3. $\mathfrak{A} = (A, \leqq)$ sei eine geordnete Menge und $S \subseteq A$: S heißt *konvex* in $\mathfrak{A}$ — auch: ... in A bzgl. $\leqq$ —, wenn $[a, b]_{\mathfrak{A}} \subseteq S$ ist für beliebige $a, b \in S$ mit $a \leqq b$. ∎

Als Beispiele sind $\emptyset$, A und alle Intervalle einer geordneten Menge $(A, \leqq)$ konvex.

Satz 9. *Für vollgeordnete Mengen* $(A, \leqq)$ *und Teilmengen* $S \subseteq A$ *mit* $S \neq \emptyset$ *gilt:*

a) *S Anfangsstück von A ↔ S konvex* $\wedge$ A ci S,

b) *S Endstück von A ↔ S konvex* $\wedge$ A cf S.

Beweis. a) und b) folgen durch Dualisierung auseinander. Wir zeigen a). (→) Ist unter den Voraussetzungen des Satzes S ein Anfangsstück von A, so gilt

$$\forall x\, \forall y (x \in S \wedge y \in A \wedge y \leqq x \rightarrow y \in S).$$

Damit ist S auch konvex. Ist x ein festes Element von S und $y \in A$, so gilt $x \leqq y$ oder $y \leqq x$, und in beiden Fällen existiert ein $z \in S$ mit $z \leqq y$ (nämlich $z = x$ oder $z = y$), womit A koinitial mit S ist. ($\leftarrow$) Sei S konvex und A koinitial mit S. Für Elemente $x \in S$ und $y \in A$ mit $y \leqq x$ gibt es zunächst auf Grund der Koinitialität von A mit S ein $z \in S$ mit $z \leqq y$. Dann ist $z \leqq y \leqq x$ bei $z, x \in S$, womit $y \in S$ aus der Konvexität von S folgt. Also ist S ein Anfangsstück von A. ∎

Satz 10. *Für vollgeordnete Mengen* $(A, \leqq)$ *und Teilmengen* $S, T \subseteq A$ *gilt:*

a) T *Anfangsstück* (*Endstück*) *von* $S \wedge S$ *Anfangsstück* (*Endstück*) *von* $A \leftrightarrow T, S$ *Anfangsstücke* (*Endstücke*) *von* $A \wedge T \subseteq S$,

b) S, T *Anfangsstücke* (*Endstücke*) *von* $A \rightarrow$
$$S \subseteq T \vee T \subseteq S;$$

c) T *Abschnitt* (*Restschnitt*) *von* $S \wedge S$ *Abschnitt* (*Restschnitt*) *von* $A \leftrightarrow T, S$ *Abschnitte* (*Restschnitte*) *von* $A \wedge T \subset S$,

d) S, T *Abschnitte* (*Restschnitte*) *von* $A \rightarrow$
$$S \subseteq T \vee T \subseteq S.$$

Beweis. Die Behauptungen über Endstücke und Restschnitte folgen durch Dualisierung aus den Behauptungen über Anfangsstücke und Abschnitte, die wir jetzt beweisen. Seien also S und T Teilmengen der vollgeordneten Menge $(A, \leqq)$.

a) und ($\rightarrow$) von c) gelten bereits für geordnete Mengen (vgl. die Bemerkungen hinter Definition 14, § 2). Sind S, T Abschnitte von A mit $T \subset S$ und etwa
$$S = \mathrm{Ab}\, a, \qquad T = \mathrm{Ab}\, b$$
für gewisse $a, b \in A$, so ist $b < a$, da andernfalls $a \leqq b$ und somit $S \subseteq T$ wäre im Widerspruch zu $T \subset S$. Aus $b < a$ folgt $b \in S$, und T ist Abschnitt von S. Damit gilt auch ($\leftarrow$) von c).

d) folgt aus b), da jeder Abschnitt ein Anfangsstück ist.

b) Es seien S, T Anfangsstücke von A mit $S \not\subseteq T$. Dann gibt es ein $x \in S$ mit $x \notin T$, und für jedes $y \in T$ ist $y < x$, da sonst $x \leqq y$ und mit $y \in T$ auch $x \in T$ wäre. Wegen $x \in S$ und $y < x$ für jedes $y \in T$ ist $T \subseteq S$. ∎

Satz 10b), d) besagt, daß sowohl das Mengensystem der Anfangsstücke (Endstücke) einer vollgeordneten Menge als auch das System ihrer Abschnitte (Restschnitte) eine Kette ist. Während nach Satz 6, § 2 bereits jede geordnete Menge $(A, \leqq)$ isomorph zum geordneten Mengensystem $(\mathfrak{A}, \subseteq)$ ihrer speziellen Anfangsstücke $]\leftarrow, x]$ und zum entgegengesetzt geordneten Mengensystem $(\mathfrak{E}, \supseteq)$ ihrer speziellen Endstücke $[x, \rightarrow[$ ist, wobei

$$f(x) =]\leftarrow, x] \quad \text{bzw.} \quad g(x) = [x, \rightarrow[$$

ein Isomorphismus von A auf $\mathfrak{A}$ bzw. auf $\mathfrak{E}$ ist, erhält man für vollgeordnete Mengen auch Isomorphie mit den Systemen der Abschnitte und Restschnitte:

Satz 11. *Für vollgeordnete Mengen $(A, \leqq)$, Teilmengen $S \subseteq A$, das System $\mathfrak{A}$ aller Abschnitte von A, das System $\mathfrak{R}$ aller Restschnitte von A, die Funktion $f(x) = \text{Ab}\, x$ von A auf $\mathfrak{A}$ und die Funktion $g(x) = \text{Re}\, x$ von A auf $\mathfrak{R}$ gilt:*

a) *S Abschnitt von $A \rightarrow \exists!!\, a(a \in A \wedge S = \text{Ab}\, a)$,*
S Restschnitt von $A \rightarrow \exists!!\, a(a \in A \wedge S = \text{Re}\, a)$;

b) $(A, \leqq) \underset{f}{\simeq} (\mathfrak{A}, \subseteq)$, $\quad (A, \leqq) \underset{g}{\simeq} (\mathfrak{R}, \supseteq)$.

Beweis. a) Ist S ein Abschnitt von A mit etwa

$$S = \text{Ab}\, a = \text{Ab}\, b$$

für gewisse $a, b \in A$, so muß $a = b$ sein, da sonst $a < b$ oder $b < a$ wäre, also $\text{Ab}\, a \subset \text{Ab}\, b$ oder $\text{Ab}\, b \subset \text{Ab}\, a$ im Widerspruch zu $\text{Ab}\, a = \text{Ab}\, b$. Damit gibt es insgesamt genau ein Element $a \in A$ mit $S = \text{Ab}\, a$. Die Behauptung über Restschnitte folgt durch Dualisierung.

b) Nach a) ist f eine eineindeutige Abbildung von A auf $\mathfrak{A}$. f ist sogar Isomorphismus von A auf $\mathfrak{A}$ wegen für beliebige $x, y \in A$:

$$x \leqq y \leftrightarrow \text{Ab}\, x \subseteq \text{Ab}\, y .$$

Denn trivial folgt $\text{Ab}\, x \subseteq \text{Ab}\, y$ aus $x \leqq y$, und wäre umgekehrt $\text{Ab}\, x \subseteq \text{Ab}\, y$ und nicht $x \leqq y$, so wäre $y < x$, also $\text{Ab}\, y \subset \text{Ab}\, x$, Widerspruch. Damit gilt

$$(A, \leqq) \underset{f}{\simeq} (\mathfrak{A}, \subseteq).$$

Durch Dualisierung erhält man

$$(A, \geqq) \underset{g}{\simeq} (\mathfrak{R}, \subseteq)$$

und daraus durch Übergang zu den inversen Relationen schließlich

$$(A, \leqq) \underset{g}{\simeq} (\mathfrak{R}, \supseteq). \blacksquare$$

Für vollgeordnete Mengen $(A, \leqq)$ ist stets

$$\bigcup_{x \in A} \text{Ab}\, x = A \qquad \text{bzw.} \qquad \bigcup_{x \in A} \text{Re}\, x = A ,$$

falls A kein größtes bzw. kleinstes Element besitzt, und ist

$$\bigcup_{x \in A} \text{Ab}\, x = A \setminus \{a\} \qquad \text{bzw.} \qquad \bigcup_{x \in A} \text{Re}\, x = A \setminus \{a\} ,$$

falls a das Maximum bzw. Minimum von A ist.

Satz 12. *Für vollgeordnete Mengen $(A, \leqq)$ und Elemente $a, b \in A$ gilt:*

a) $\exists!\, x$(*x Nachfolger von a*), $\quad \exists!\, x$(*x Vorgänger von a*).

b) *Existiert der Nachfolger von a, so auch der Vorgänger von a', und es ist*

$$a' = \min\,]a, \rightarrow[, \qquad {}'(a') = a ;$$

existiert der Vorgänger von a, so auch der Nachfolger von $'a$, und es ist

$$'a = \max\,]\leftarrow, a[, \qquad ('a)' = a .$$

c) *Existieren die Nachfolger a', b' bzw. die Vorgänger $'a$, $'b$, so ist*

$$a' = b' \to a = b \quad \text{bzw.} \quad 'a = 'b \to a = b$$

und

$$a' = \iota x(x \in A \wedge 'x = a) \quad \text{bzw.} \quad 'a = \iota x(x \in A \wedge x' = a).$$

Beweis. a) Sind x, y Nachfolger von a, so gilt

$$a < x, \quad a < y, \quad]a, x[=]a, y[= \emptyset,$$

womit nicht $y < x$ und nicht $x < y$ sein kann, also folgt $x = y$ aus der Konnexität von $<$. Damit besitzt a höchstens einen Nachfolger. Dual besitzt a höchstens einen Vorgänger.

b) folgt wie a) unmittelbar aus den Definitionen und der Elementevergleichbarkeit. c) folgt aus b). ∎

Auf Grund der eindeutigen Bestimmtheit des Vorgängers und des Nachfolgers eines Elementes a einer vollgeordneten Menge $(A, \leqq)$ ist a ein isoliertes Element von A genau dann, wenn erstens $a = \min A$ ist oder der Vorgänger $'a$ existiert und wenn zweitens $a = \max A$ ist oder der Nachfolger a' existiert.

4. Zusammenfassung der Begriffe. Für Relationen R und Mengen A, $\mathfrak{A}$ gilt:

R linear in A $\leftrightarrow$

$$R \subseteq A \times A \wedge \forall x \, \forall y(x, y \in A \to xRy \vee yRx),$$

R konnex in A $\leftrightarrow$

$$R \subseteq A \times A \wedge \forall x \, \forall y(x, y \in A \to xRy \vee x = y \vee yRx),$$

R Vollordnung in A $\leftrightarrow$ R Ordnung in A $\wedge$ R linear in A,

R irreflexive Vollordnung in A $\leftrightarrow$ R irreflexive Ordnung $\wedge$ R konnex in A,

$\mathfrak{A}$ vollgeordnete Menge $\leftrightarrow$

$$\exists X \, \exists S(S \text{ Vollordnung in } X \wedge \mathfrak{A} = (X, S)).$$

§ 4. Wohlordnungen

1. Definition und Beispiele.

Definition 1. R sei eine Relation und A eine Menge: R erfüllt die *reflexive* bzw. *irreflexive Minimumbedingung in A*, wenn

$$\forall M(\emptyset \neq M \subseteq A \rightarrow \exists m(m \in M \wedge \forall x(x \in M \rightarrow mRx)))$$

bzw.

$$\forall M(\emptyset \neq M \subseteq A \rightarrow \exists m(m \in M \wedge \forall x(x \in M \rightarrow mRx \vee m = x)))$$

gilt. R ist eine (*reflexive*) *Wohlordnung in A*, falls R eine Vollordnung in A ist und die reflexive Minimumbedingung in A erfüllt; R ist eine (*reflexive*) *Wohlordnung*, falls es eine Menge X gibt, so daß R eine Wohlordnung in X ist; R ist eine *irreflexive* (oder *strikte*) *Wohlordnung in A*, falls R eine irreflexive Vollordnung in A ist und die irreflexive Minimumbedingung in A erfüllt; R ist eine *irreflexive* (oder *strikte*) *Wohlordnung*, falls es eine Menge X gibt, so daß R eine irreflexive Wohlordnung in X ist. ∎

Reflexive und irreflexive Wohlordnungen seien gemeinsam die *Wohlordnungsrelationen*. Sie sind spezielle Vollordnungsrelationen.

Wie bei Vollordnungen ist erst recht zu einer Wohlordnung R in A die Menge A eindeutig bestimmt durch

$$A = \mathrm{Fd}\, R = \mathrm{Vb}\, R = \mathrm{Nb}\, R.$$

Zu einer irreflexiven Wohlordnung R in A, wobei A mindestens zwei Elemente enthalte, ist A eindeutig bestimmt durch

$$A = \mathrm{Fd}\, R;$$

es braucht nicht $A = \mathrm{Vb}\, R$ und nicht $A = \mathrm{Nb}\, R$ zu sein, wie das Beispiel

$$A = \{a, b\}, \qquad R = \{(a, b)\}$$

(bei $a \neq b$) zeigt. $\emptyset$ ist eine irreflexive Wohlordnung in $\emptyset$ und in jeder Einermenge $\{a\}$ und eine Wohlordnung in $\emptyset$. Für Relationen R in A ist nach Definition 1 R eine Wohlordnung in A genau dann, wenn für alle $a, b, c \in A$ und alle $M \subseteq A$ gilt:

(1) aRa (*Reflexivität*),

(2) $aRb \wedge bRc \rightarrow aRc$ (*Transitivität*),

(3) $aRb \wedge bRa \rightarrow a = b$ (*Antisymmetrie*),

(4) $aRb \vee bRa$ (*Linearität, Vergleichbarkeit*),

(5) $M \neq \emptyset \rightarrow \exists m(m \in M \wedge \forall x(x \in M \rightarrow mRx))$ (*Minimumbedingung*);

R ist eine irreflexive Wohlordnung in A genau dann, wenn für alle $a, b, c \in A$ und alle $M \subseteq A$ gilt:

(1′) $\neg\, aRa$ (*Irreflexivität*),

(2′) $aRb \wedge bRc \rightarrow aRc$ (*Transitivität*),

(3′) $aRb \rightarrow \neg\, bRa$ (*Asymmetrie*),

(4′) $aRb \vee a = b \vee bRa$ (*Konnexität, Vergleichbarkeit*),

(5′) $M \neq \emptyset \rightarrow \exists m(m \in M \wedge \forall x(x \in M \rightarrow mRx \vee m = x))$ (*Minimumbedingung*).

Die Forderungen (1)—(5) heißen die *Wohlordnungsaxiome* oder die *Axiome der (reflexiven) Wohlordnung*, die Forderungen (1′)—(5′) die *Axiome der irreflexiven Wohlordnung*.

Derselbe unmittelbare Zusammenhang, wie er zwischen reflexiven und irreflexiven Ordnungen durch Satz 1b), § 2 zum Ausdruck kommt, besteht auch für Wohlordnungsrelationen; denn ist R eine reflexive bzw. irreflexive Wohlordnung in A, so ist wieder

$$R' = R \setminus \mathrm{Id}_A \qquad \text{bzw.} \qquad R^* = R \cup \mathrm{Id}_A$$

eine irreflexive bzw. reflexive Wohlordnung in A, die *zu R gehörige irreflexive* bzw. *reflexive Wohlordnung*. Eine Vollordnung R in A erfüllt also die reflexive Minimumbedingung in A genau dann, wenn die irreflexive Vollordnung $R' = R \setminus \mathrm{Id}_A$ die irreflexive Minimumbedingung in A erfüllt, und man spricht deshalb bei R wie bei R' auch einfach von der *Minimumbedingung*.

Für eine Wohlordnung R muß R^{-1} nicht wieder Wohlordnung sein. Als Beispiel besitzt die wohlgeordnete Menge $(\boldsymbol{N}, \leqq)$ der natürlichen Zahlen kein größtes Element, womit $\geqq$ keine Wohlordnung in $\boldsymbol{N}$ sein kann (vgl. Beispiel (1)). Es besteht damit kein Dualitätsprinzip für Wohlordnungen wie bisher für Ordnungen und Vollordnungen.

Die Wohlordnungsaxiome ergeben in Ordnungsschreibweise (vgl. § 2, Abschn. 2) und als strukturelle Grundlage der Theorie der wohlgeordneten Mengen den

Satz 1. *Für Mengen A, Wohlordnungen $\leqq$ in A, beliebige Elemente $a, b, c \in A$ und Teilmengen $M \subseteq A$ gilt* (bei $< \; = \; \leqq \setminus \mathrm{Id}_A$):

$$a \leqq b \leftrightarrow a < b \vee a = b, \quad a < b \leftrightarrow a \leqq b \wedge a \neq b,$$

$a \leqq a$ (*Reflexivität*),
$a \leqq b \wedge b \leqq c \rightarrow a \leqq c$ (*Transitivität*),
$a \leqq b \wedge b \leqq a \rightarrow a = b$ (*Antisymmetrie*),
$a \leqq b \vee b \leqq a$ (*Linearität, Vergleichbarkeit*),
$M \neq \emptyset \rightarrow \exists m(m \in M \wedge \forall x(x \in M \rightarrow m \leqq x))$ (*Minimumbedingung*),

$a \nless a$ (*Irreflexivität*),
$a < b \wedge b < c \rightarrow a < c$ (*Transitivität*),
$a < b \rightarrow b \nless a$ (*Asymmetrie*),
$a < b \vee a = b \vee b < a$ (*Konnexität, Vergleichbarkeit*),
$M \neq \emptyset \rightarrow \exists m(m \in M \wedge \forall x(x \in M \rightarrow m < x \vee m = x))$ (*Minimumbedingung*),

$$a < b \leqq c \vee a \leqq b < c \to a < c,$$

$$a < b \leftrightarrow b \nleqq a, \qquad a \leqq b \leftrightarrow b \nless a.$$

Beweis. Aus Satz 3, § 3 und Definition 1. ∎

Antisymmetrie und Minimumbedingung einer Wohlordnung $\leqq$ in A ergeben für jede nichtleere Menge $M \subseteq A$ (speziell für A selbst, falls $A \neq \emptyset$ ist) die Existenz des kleinsten Elementes $\min M$. Eine Wohlordnung in A ist also eine Vollordnung in A, bei der noch für jede nichtleere Teilmenge von A die Existenz des ersten Elementes gefordert wird, die man bei bloßen Vollordnungen nach Satz 6, § 3 nur für nichtleere endliche Teilmengen beweisen konnte. Für jede Wohlordnung $\leqq$ in A und jede Teilmenge $M \subseteq A$ hat man also:

$$M \neq \emptyset \to \exists m\, m = \min M.$$

Während nach Satz 6, § 3 jede endliche nichtleere Teilmenge M auch ein letztes Element $\max M$ besitzt, gilt dies nicht allgemein für beliebige nichtleere Teilmengen M, wie das Beispiel $(\boldsymbol{N}, \leqq)$ mit $M = \boldsymbol{N}$ zeigt. Eine Wohlordnung muß also nicht notwendig die zur Minimumbedingung duale Maximumbedingung erfüllen. Diese einseitige strukturelle Gerichtetheit des Wohlordnungsbegriffes hat dann die Bevorzugung gewisser ordnungstheoretischer Grundbegriffe vor ihren dualen Begriffen zur Folge wie Konfinalität, Segment, Abschnitt, Nachfolger.

Man erhält die Minimumbedingung einer Vollordnung bereits aus der auf Abschnitte relativierten Minimumbedingung, d. h. daraus, daß die Abschnitte wohlgeordnet sind:

Satz 2. *Für Mengen A und Vollordnungen $\leqq$ in A gilt:*

$$\leqq \textit{ Wohlordnung in } A \leftrightarrow$$
$$\forall a\, \forall M(a \in A \wedge \emptyset \neq M \subseteq \mathrm{Ab}\, a \to$$
$$\exists m(m \in M \wedge \forall x(x \in M \to m \leqq x))).$$

Beweis. ($\rightarrow$) folgt trivial aus Definition 1. ($\leftarrow$) Sei $\leqq$ Vollordnung in A mit der angegebenen relativierten Minimumbedingung und $\emptyset \neq M \subseteq A, a \in M$. Ist $a = \min M$, so ist $m = a$ bereits das kleinste Element von M. Ist $a \neq \min M$, so ist $\emptyset \neq M' \subseteq \mathrm{Ab}\, a$ für die Menge

$$M' = \{x \in M \mid x < a\},$$

womit M' nach Voraussetzung ein erstes Element m besitzt. m ist dann auch das kleinste Element von M, da $a \leqq x$ für alle $x \in M \setminus M'$ gilt. Es existiert also generell $\min M$, und $\leqq$ ist Wohlordnung in A. ∎

Wie die Vollordnungen kann man schließlich die Wohlordnungen durch Minimumexistenz allein charakterisieren:

Satz 3. *Für Mengen A und Relationen $\leqq$ in A gilt:*

$$\leqq \text{ Wohlordnung in } A \leftrightarrow$$
$$\forall M(\emptyset \neq M \subseteq A \rightarrow$$
$$\exists!!m(m \in M \wedge \forall x(x \in M \rightarrow m \leqq x))).$$

Beweis. Aus Satz 7a), § 3 und Definition 1. ∎

Beispiele für Wohlordnungsrelationen:

(1) Die Anordnungsbeziehung $\leqq$ bzw. $<$ in der Menge $\boldsymbol{N}$ der natürlichen Zahlen ist nach Satz 7, Bd. II, § 7 eine reflexive bzw. irreflexive Wohlordnung in $\boldsymbol{N}$. $\boldsymbol{N}$ ist in bezug auf $\leqq$ unbeschränkt und besitzt damit kein letztes Element. Also sind $\geqq$ und $>$ Vollordnungsrelationen in $\boldsymbol{N}$, welche keine Wohlordnungsrelationen sind.

(2) Die üblichen Anordnungsbeziehungen $\leqq$ und $<$ in den Zahlbereichen $\boldsymbol{Z}$, $\boldsymbol{Q}$, $\boldsymbol{R}$ sind keine Wohlordnungsrelationen; denn diese Zahlbereiche sind nach unten unbeschränkt, besitzen also kein erstes Element. Innerhalb $\boldsymbol{Q}$, $\boldsymbol{R}$ ist jedes offene Intervall $]a, b[$ (bei $a < b$) eine beschränkte nichtleere Menge, welche kein erstes (und kein letztes) Element besitzt.

(3) $\sqsubseteq$ bzw. $\sqsubset$ bildet nach den Sätzen 3d), 4, Bd. I, § 5 und den Bemerkungen hinter Satz 12, Bd. I, § 5 eine reflexive bzw. irreflexive Wohlordnung im Bereich der Allmengen und im Bereich der Stufen. $\subseteq$ bzw. $\subset$ bildet eine reflexive bzw. irreflexive Wohlordnung im Bereich der Allmengen. (Zur exakten Bedeutung dieser Redeweisen vgl. die Beispiele (2), (3) aus § 2, Abschn. 1.)

(4) Ist $(A, \leqq)$ eine geordnete Menge, so ist die induzierte Ordnung $\leqq \| K$ für alle endlichen Ketten K von A nach Satz 6, § 3 eine Wohlordnung in K. Speziell ist jede Vollordnung $\leqq$ in einer endlichen Menge A eine Wohlordnung. Der Wohlordnungsbegriff kommt also erst für unendliche Grundmengen A zum Tragen.

(5) Ist R eine reflexive bzw. irreflexive Wohlordnung in A und $U \subseteq A$, so ist die auf U eingeschränkte Relation

$$R' = R \| U = R \cap (U \times U)$$

wieder eine reflexive bzw. irreflexive Wohlordnung in U, die *durch R in U induzierte (reflexive) Wohlordnung* bzw. *irreflexive Wohlordnung*.

2. Wohlgeordnete Mengen, Isomorphie.

Definition 2. Ist A eine Menge und $\leqq$ eine Wohlordnung in A, so heißt das Paar $(A, \leqq)$ die *durch $\leqq$ wohlgeordnete Menge A*. Eine Menge $\mathfrak{A}$ ist eine *wohlgeordnete Menge*, wenn es eine Menge A und eine Wohlordnung $\leqq$ in A gibt mit $\mathfrak{A} = (A, \leqq)$. ∎

Wohlgeordnete Mengen heißen auch *Wohlordnungsstrukturen*. Sie sind spezielle Vollordnungsstrukturen.

Beispiele für wohlgeordnete Mengen liefern sofort die reflexiven Fälle der Beispiele (1), (3)—(5) aus Abschn. 1, wenn man dort jeweils die Grundmengen und Wohlordnungen zu Paaren zusammenfaßt. Speziell versteht man unter einem *wohlgeordneten Mengensystem* ein geordnetes Mengensystem $(\mathfrak{M}, \subseteq)$, dessen Inklusion $\subseteq$ eine Wohlordnung in $\mathfrak{M}$ ist; entsprechend ist ein *ent-*

gegengesetzt wohlgeordnetes Mengensystem $(\mathfrak{M}, \supseteqq)$ definiert. Eine *wohlgeordnete Untermenge* (*wohlgeordnete Teilmenge*) bzw. *wohlgeordnete Obermenge* einer geordneten Menge $\mathfrak{A}$ ist eine geordnete Untermenge bzw. geordnete Obermenge von $\mathfrak{A}$, welche eine wohlgeordnete Menge ist. Für jede wohlgeordnete Menge $\mathfrak{A} = (A, \leqq)$ und jede Teilmenge $U \subseteq A$ ist $\mathfrak{U} = (U, \leqq \| U)$ eine wohlgeordnete Untermenge von $\mathfrak{A}$.

Gemäß der Bedeutung der Isomorphie als Strukturtypgleichheit besteht der

Satz 4. *Für durch eine Relation geregelte Mengen* (A, R), (B, S) *gilt unter der Voraussetzung* $(A, R) \simeq (B, S)$:

R *erfüllt die reflexive (irreflexive) Minimumbedingung in* $A \leftrightarrow S$ *erfüllt die reflexive (irreflexive) Minimumbedingung in* B,

R *irreflexive Wohlordnung in* $A \leftrightarrow$
S *irreflexive Wohlordnung in* B,

(A, R) *wohlgeordnete Menge* $\leftrightarrow (B, S)$ *wohlgeordnete Menge.*

Beweis. Man zeigt die Behauptungen nach dem Muster des Beweises zu Satz 3, § 1. ∎

Während für wohlgeordnete Mengen (A, R) und (B, S) stets

$$(A, R) \simeq (B, S) \rightarrow A \sim B$$

gilt (Satz 2, § 1), ist die Umkehrung

$$A \sim B \rightarrow (A, R) \simeq (B, S)$$

nicht allgemein richtig, wie das Beispiel der beiden wohlgeordneten Mengen (A, R):

$$\begin{array}{cccccccc} \bullet & \bullet & \bullet & \bullet & \bullet & \bullet & \cdots \\ 0 & 1 & 2 & 3 & 4 & 5 & \end{array}$$

und (B, S):

$$\begin{array}{cccccccc} \bullet & \bullet & \bullet & \cdots & \bullet & \bullet & \bullet & \cdots \\ 0 & 2 & 4 & & 1 & 3 & 5 & \end{array}$$

zeigt. Es ist $(A, R) = (\boldsymbol{N}, \leqq)$ die hinsichtlich der üblichen Anordnung $\leqq$ wohlgeordnete Menge der natürlichen Zahlen und $B = \boldsymbol{N}$,

$$S = (\leqq \parallel B_1) \cup (\leqq \parallel B_2) \cup (B_1 \times B_2)$$

bei

$$B_1 = \{2n \mid n \in \boldsymbol{N}\}, \qquad B_2 = \{2n + 1 \mid n \in \boldsymbol{N}\}.$$

Dann gilt $A = B$, doch nicht $(A, R) \simeq (B, S)$, da A bzgl. R nur isolierte Elemente und B bzgl. S das Limeselement 1 besitzt und sich die Isoliertheit bei isomorpher Abbildung f von (A, R) auf (B, S) vom Argument x auf $f(x)$ überträgt. Man vermutet aber anschaulich die Isomorphie endlicher wohlgeordneter Mengen — also gleichwertig: endlicher vollgeordneter Mengen —, sofern ihre Träger gleichmächtig sind. Dies ergibt den

Satz 5. *Für endliche vollgeordnete Mengen (A, R) und (B, S) gilt:*

$$(A, R) \simeq (B, S) \leftrightarrow A \sim B.$$

Beweis. Es ist $(\leftarrow)$ zu zeigen. Wir führen Induktion über die endliche Menge A, indem wir für endliche Mengen A die folgende Behauptung $\mathbf{B}(A)$ beweisen: Für jede endliche Menge B und beliebige Vollordnungen R in A und S in B gilt:

$$A \sim B \rightarrow (A, R) \simeq (B, S).$$

Es ist gemäß Bd. II, § 9, Abschn. 2 (im Anschluß an den dortigen Satz 5) zu zeigen:

$$\forall A(A \textit{ endliche Menge} \wedge \forall X(X \subset A \rightarrow \mathbf{B}(X)) \rightarrow \mathbf{B}(A)).$$

Seien also (A, R) und (B, S) endliche vollgeordnete Mengen mit $A \sim B$. Zu zeigen ist $(A, R) \simeq (B, S)$ unter der Voraussetzung, daß $\mathbf{B}(X)$ für alle echten Teilmengen $X \subset A$ gilt. Ist $A = \emptyset$, so ist wegen $A \sim B$ auch $B = \emptyset$ und damit $R = S = \emptyset$, also sogar

$$(A, R) = (\emptyset, \emptyset) = (B, S).$$

Ist $A \neq \emptyset$, so ist wegen $A \sim B$ auch $B \neq \emptyset$, und nach Satz 6, § 3 besitzt A bzgl. R ein letztes Element m und B bzgl. S ein letztes Element n. Für die Mengen

$$X = A \setminus \{m\}, \qquad Y = B \setminus \{n\}$$

gilt dann $X \sim Y$; denn ist f eine eineindeutige Abbildung von A auf B mit $f(m) = n$, so ist $f \mid X$ eineindeutige Abbildung von X auf Y, und ist $f(p) = n$ bei $p \neq m$, so ist

$$g(x) = \begin{cases} f(x) & \text{für } x \in X \setminus \{p\} \\ f(m) & \text{für } x = p \end{cases}$$

eineindeutige Abbildung von X auf Y. $R^* = R \parallel X$ ist Vollordnung in X und $S^* = S \parallel Y$ Vollordnung in Y. Wegen $X \subset A$ gilt schließlich $\mathbf{B}(X)$, woraus nach den eben bewiesenen Eigenschaften über X, Y, R^*, S^* folgt:

$$(X, R^*) \simeq (Y, S^*).$$

Es gibt somit eine eineindeutige Abbildung h von X auf Y mit

$$aR^*b \to h(a)\, S^*h(b)$$

für alle $a, b \in X$. Dann ist die Funktion

$$h'(x) = \begin{cases} h(x) & \text{für } x \in A \setminus \{m\} \\ n & \text{für } x = m \end{cases}$$

eine eineindeutige Abbildung von A auf B mit

$$aRb \to h'(a) S h'(b)$$

für alle $a, b \in A$, da m und n gerade die letzten Elemente sind. Also ist h' nach Satz 5b), § 3 Isomorphismus und damit $(A, R) \simeq (B, S)$. ∎

Aus Satz 5 resultiert später, daß sich Kardinal- und Ordinalzahlen erst für unendliche Mengen wesentlich unterscheiden können, während sie für endliche Mengen mit den natürlichen Zahlen zusammenfallen.

3. Segmente, Abschnitte. Jeder Abschnitt einer geordneten Menge $(A, \leqq)$ ist Segment. A ist Segment, aber kein Abschnitt. Selbst in vollgeordneten Mengen $(A, \leqq)$ muß ein Segment $S \neq A$ nicht immer ein Abschnitt sein, wie das Beispiel

$$\begin{matrix} \bullet & \cdots & \bullet & \bullet & \bullet \\ 0 & & 3 & 2 & 1 \end{matrix}$$

mit $S = \{0\}$ zeigt ($\boldsymbol{N} \setminus \{0\}$ ist entgegengesetzt angeordnet und 0 noch als erstes Element davorgesetzt). Es besteht aber der

Satz 6. *Für wohlgeordnete Mengen* $(A, \leqq)$ *und Teilmengen* $S \subseteq A$ *gilt:*

$$S \textit{ Segment von } A \wedge S \neq A \rightarrow S \textit{ Abschnitt von } A.$$

Beweis. Ist S ein Segment von A mit $S \neq A$, so ist $A \setminus S \neq \emptyset$, und es existiert das kleinste Element a von $A \setminus S$. Wir zeigen $S = \mathrm{Ab}\, a$. Ist $x \in S$ und wäre $a \leqq x$, so wäre $a \in S$, da S Segment ist, im Widerspruch zu $a \in A \setminus S$; also ist $x < a$, $x \in \mathrm{Ab}\, a$ und damit $S \subseteq \mathrm{Ab}\, a$. Ist $x \in \mathrm{Ab}\, a$ und wäre $x \in A \setminus S$, so wäre $a \leqq x$, da a kleinstes Element von $A \setminus S$ ist, im Widerspruch zu $x < a$; also ist $x \in S$ und damit $\mathrm{Ab}\, a \subseteq S$. ∎

Über Satz 6 gilt für wohlgeordnete Mengen $(A, \leqq)$ und Teilmengen $S \subseteq A$:

$$S \textit{ Segment} \leftrightarrow S \textit{ Abschnitt} \vee S = A,$$
$$S \textit{ Abschnitt} \leftrightarrow S \textit{ Segment} \wedge S \neq A,$$

wobei es nach Satz 11 a), § 3 zu jedem Abschnitt S ein eindeutig bestimmtes Element $a \in A$ gibt mit

$$S = \mathrm{Ab}\, a =]\leftarrow, a[= [\min A, a[.$$

Die Wohlordnungen lassen sich sogar unter den Ordnungen durch die in Satz 6 ausgedrückte Eigenschaft charakterisieren:

Satz 7. *Für Mengen A und Ordnungen $\leqq$ in A gilt:*

$\leqq$ *Wohlordnung in* $A \leftrightarrow$

$\forall S(S$ *Segment von* $A \wedge S \neq A \rightarrow S$ *Abschnitt von* $A)$.

Beweis. ($\rightarrow$) ist gerade Satz 6. ($\leftarrow$) Sei $\leqq$ eine Ordnung in A, so daß jedes von A verschiedene Segment ein Abschnitt ist. Wir beweisen zunächst, daß $\leqq$ eine Vollordnung ist, indem wir zeigen, daß A eine Kette ist. Sei hierzu

$$\mathfrak{M} = \{X \subseteq A \mid X \textit{ Kette von } A \wedge X \textit{ Segment von } A\}.$$

Das Mengensystem $\mathfrak{M}$ ist rechtsinduktiv (Definition 10, § 2); denn für jede Kette $\mathfrak{K}$ von $\mathfrak{M}$ ist $\bigcup \mathfrak{K} \in \mathfrak{M}$, wie man leicht bestätigt. Unter Vorwegnahme des ZORNschen Lemmas (Satz 6, § 6) gibt es ein maximales Element M von $\mathfrak{M}$, für welches also kein $X \in \mathfrak{M}$ mit $M \subset X$ existiert. Ist $M = A$, so ist $A \in \mathfrak{M}$ und damit A eine Kette. Ist $M \neq A$, so ist M ein von A verschiedenes Segment. Nach Voraussetzung gibt es ein $a \in A$ mit $M = \text{Ab}\, a$. Dann ist aber $X = M \cup \{a\}$ Kette und Segment von A, also insgesamt $X \in \mathfrak{M}$ und $M \subset X$ im Widerspruch zur Maximalität von M. Der Fall $M \neq A$ kann gar nicht eintreten. Damit ist $\leqq$ eine Vollordnung in A.

Schließlich ist $\leqq$ eine Wohlordnung in A, wofür noch die Minimumbedingung zu zeigen ist. Sei hierzu $\emptyset \neq M \subseteq A$ und

$$S = \{s \in A \mid \forall x(x \in M \rightarrow s < x)\}.$$

S ist sofort ein Segment von A mit $S \neq A$ wegen $M \neq \emptyset$. Nach Voraussetzung gibt es ein $m \in A$ mit $S = \text{Ab}\, m$. Dann ist m das Minimum von M. Zunächst ist $m \in M$; denn es ist $m \notin S$, womit es nach Definition von S ein $x \in M$ mit $x \leqq m$ gibt, und im Falle $m \notin M$ wäre $x < m$, also $x \in S$ und damit $x < x$ nach Definition von S, Widerspruch. Gäbe es ein $x \in M$ mit $x < m$, so wäre wieder $x \in S$, $x < x$, Widerspruch. Damit ist $m \leqq x$ für alle $x \in M$ und m das Minimum von M. ∎

Setzt man in Satz 7 $\leqq$ als Vollordnung voraus, so verläuft der Beweis ganz elementar ohne ZORNsches Lemma. Andererseits folgt für die Beweisrichtung ($\leftarrow$) von Satz 7 aus der Rechtsinduktivität des Mengensystems

$$\mathfrak{W} = \{X \subseteq A \mid \leqq \| X \textit{ Wohlordnung} \wedge X \textit{ Segment von } A\}$$

und dem ZORNschen Lemma unmittelbar, daß $\leqq$ Wohlordnung in A ist. (Für jede Kette $\mathfrak{K}$ von $\mathfrak{W}$ ist wieder $\bigcup \mathfrak{K} \in \mathfrak{M}$, und jedes maximale Element M von $\mathfrak{W}$ fällt mit A zusammen.)

Satz 8. *Für wohlgeordnete Mengen* $(A, \leqq)$, *das System* $\mathfrak{A}$ *aller Abschnitte von* A, *die Funktion* $f(x) = \mathrm{Ab}\, x$ *von* A *auf* $\mathfrak{A}$ *und das System* $\mathfrak{S} = \mathfrak{A} \cup \{A\}$ *aller Segmente von* A *gilt:*

a) $(A, \leqq) \underset{f}{\simeq} (\mathfrak{A}, \subseteq)$.

b) $(\mathfrak{A}, \subseteq)$ *und* $(\mathfrak{S}, \subseteq)$ *sind wohlgeordnete Mengensysteme.*

Beweis. a) ist ein Spezialfall von Satz 11b), § 3. b) Mit $(A, \leqq)$ ist nach a) und Satz 4 auch $(\mathfrak{A}, \subseteq)$ eine wohlgeordnete Menge. Schließlich gilt $X \subset A$ für alle $X \in \mathfrak{A}$, womit $(\mathfrak{S}, \subseteq)$ eine geordnete Menge ist mit dem letzten Element A und der Eigenschaft, daß der Abschnitt $\mathfrak{A}$ dieses letzten Elementes durch $\subseteq$ wohlgeordnet wird. Daraus resultiert $(\mathfrak{S}, \subseteq)$ als wohlgeordnete Menge. ∎

4. Nachfolger, Suprema. In einer vollgeordneten Menge $(A, \leqq)$ besitzt nach Satz 12, § 3 jedes Element a höchstens einen Vorgänger und höchstens einen Nachfolger. Im Existenzfall ist der Vorgänger von a das eindeutig bestimmte Element $x \in A$ mit $x' = a$. In wohlgeordneten Mengen $(A, \leqq)$ existiert nach Satz 9 zu jedem vom letzten Element verschiedenen Element stets der Nachfolger und existiert in Verallgemeinerung hiervon für jede nach oben beschränkte Menge das Supremum. Das Supremum der Gesamtmenge A muß nicht existieren, wie das Beispiel

$(\boldsymbol{N}, \leqq)$ zeigt. Nach oben beschränkte nichtleere Mengen müssen kein Maximum besitzen, wie das Beispiel

$$\begin{matrix} \bullet & \bullet & \bullet & \cdots & \bullet \\ 1 & 2 & 3 & & 0 \end{matrix}$$

zeigt ($\boldsymbol{N} \setminus \{0\}$ ist wie üblich angeordnet und 0 noch als letztes Element dahintergesetzt). Trivial besitzt nach der Minimumbedingung jede nichtleere Menge ihr Minimum. Im Falle $A \neq \emptyset$ ist jede Menge durch $\min A$ nach unten beschränkt. Eine Teilmenge $M \subseteq A$ ist also nach oben beschränkt genau dann, wenn sie beschränkt ist.

Satz 9. *Für wohlgeordnete Mengen* $(A, \leqq)$, *Elemente* $a \in A$ *und Teilmengen* $M \subseteq A$ *gilt:*

a) *Ist* $a \neq \max A$, *so existiert der Nachfolger* a', *und es ist*

$$a' = \min\,]a, \to[\,.$$

b) *Ist* M *beschränkt, so existiert das Supremum* $\sup M$, *und es ist*

$$\sup M = \min \{x \in A \mid x \text{ obere Schranke von } M\}.$$

Beweis. a) $a \neq \max A$ bedeutet $a < x$ für ein $x \in A$ (gleichgültig, ob $\max A$ existiert oder nicht). Damit ist $]a, \to[\; \neq \emptyset$, und $n = \min\,]a, \to[$ existiert nach der Minimumbedingung. Sofort ist n der Nachfolger von a.

b) Ist M beschränkt, so existiert eine obere Schranke von M, und die Menge S der oberen Schranken von M ist nichtleer. Also existiert $s = \min S$, und s ist nach Definition der oberen Grenze das Supremum von M. ∎

Für die beschränkte Menge M aus Satz 9b) gilt natürlich:

$$\sup M \in M \leftrightarrow \sup M = \max M\,.$$

Ist $\sup M \notin M$, besitzt also M kein letztes Element, so kann $\sup M$ der (*unmittelbare*) *Nachfolger der Menge* M genannt werden; denn $\sup M$ ist das kleinste Element von A, welches größer als alle Elemente von M ist.

Nach § 1, Abschn. 1 lassen sich die transfiniten Abzählungen einer Menge A anschaulich als Wohlordnungen $\leqq$ in A charakterisieren. Die damals geschilderte transfinite Abzählung

$$\begin{aligned} a_0 &= \min A, \quad a_1 = \min(A \setminus \{a_0\}), \\ a_2 &= \min(A \setminus \{a_0, a_1\}), \ldots, \\ a_\omega &= \min(A \setminus A_0) \quad \text{bei} \quad A_0 = \{a_0, a_1, a_2, \ldots\}, \\ a_{\omega,1} &= \min(A \setminus (A_0 \cup \{a_\omega\})), \ldots \ldots \end{aligned}$$

der Elemente von A auf der Grundlage einer in A vorgegebenen Wohlordnung $\leqq$ ist unter Verwendung der Existenzaussagen des Satzes 9 einfach die folgende anschauliche transfinite Abzählung:

$$\begin{aligned} a_0 &= \min A, \quad a_1 = a_0', \quad a_2 = a_1', \ldots, \\ a_\omega &= \sup A_0, \quad a_{\omega,1} = a_\omega', \ldots \ \ldots . \end{aligned}$$

Diese transfinite Abzählung ist dann in den wohlgeordneten Mengen der Beispiele (1) und (2) (hinter Satz 11) die übliche Aufeinanderfolge der Allmengen und natürlichen Zahlen. Daß man alle Elemente einer wohlgeordneten Menge, ausgehend vom ersten Element, durch sukzessive Nachfolger- und Supremumbildung erhält, besagt folgender

Satz 10. *Für wohlgeordnete Mengen* $(A, \leqq)$ *und Teilmengen* $M \subseteq A$ *gilt* $M = A$ *unter den Voraussetzungen* (wobei alle Begriffe in bezug auf $(A, \leqq)$ zu verstehen sind):

a) $\min A \in M$,

b) $\forall a (a \in M \wedge a \neq \max A \rightarrow a' \in M)$,

c) $\forall X (X \subseteq M \wedge X$ *beschränkt* $\rightarrow \sup X \in M)$.

Beweis. Gäbe es ein $x \in A$ mit $x \notin M$, so sei a das kleinste derartige x. Dann ist $a \neq \min A$ nach a). Nach b) besitzt a keinen Vorgänger, muß also insgesamt (vgl. auch Satz 11) ein Limeselement sein. Dann ist aber wegen

$\mathrm{Ab}\, a \subseteq M$ nach c) $a = \sup \mathrm{Ab}\, a \in M$ im Widerspruch zu $a \notin M$. Also ist $A \subseteq M$. ∎

Satz 11. *Für wohlgeordnete Mengen* $(A, \leqq)$ *und Elemente* $a \in A$ *gilt*:

a) a *isoliertes Element* $\leftrightarrow$
$$a = \min A \vee a \textit{ besitzt einen Vorgänger},$$
a *besitzt einen Vorgänger* $\leftrightarrow$
$$a \neq \min A \wedge a \textit{ isoliertes Element},$$
a *besitzt einen Nachfolger* $\leftrightarrow a \neq \max A$,

b) a *Limeselement* $\leftrightarrow \neg\, a$ *isoliertes Element* $\leftrightarrow$
$$a \neq \min A \wedge a \textit{ besitzt keinen Vorgänger},$$
a *besitzt keinen Vorgänger* $\leftrightarrow$
$$a = \min A \vee a \textit{ Limeselement},$$
$a = \min A \vee a$ *besitzt einen Vorgänger* $\vee\, a$ *Limeselement (und diese drei Fälle schließen sich gegenseitig aus)*,

c) a *isoliertes Element* $\leftrightarrow$
$$\mathrm{Ab}\, a = \emptyset \vee \max \mathrm{Ab}\, a \textit{ existiert},$$
$a \neq \max A \leftrightarrow a = \max \mathrm{Ab}\, a'$,

d) a *Limeselement* $\leftrightarrow$
$$\mathrm{Ab}\, a \neq \emptyset \wedge \max \mathrm{Ab}\, a \textit{ existiert nicht}$$
$$\leftrightarrow \mathrm{Ab}\, a \neq \emptyset \wedge \forall x (x < a \rightarrow x' < a),$$
a *Limeselement* $\rightarrow a = \sup \mathrm{Ab}\, a$.

Beweis. Aus den entsprechenden Definitionen und der Bemerkung im Anschluß an Satz 12, § 3. Die Behauptung über die Nachfolgerexistenz folgt aus Satz 9a). ∎

Ist speziell $(A, \leqq)$ eine unbeschränkte wohlgeordnete Menge, d. h. $\max A$ existiert nicht, so besitzt jedes Element einen Nachfolger.

Beispiele: (1) Ist $\mathfrak{B}$ ein Allbereich und $\mathfrak{A}$ das System aller Allmengen $X \in \mathfrak{B}$, so ist $(\mathfrak{A}, \subseteq)$ ein wohlgeordnetes

Mengensystem. Es ist $\boldsymbol{U} = \min \mathfrak{A}$. $\mathfrak{A}$ ist unbeschränkt; jedes Element $X \in \mathfrak{A}$ besitzt einen Nachfolger $X' \in \mathfrak{A}$. Die Limeselemente von $\mathfrak{A}$ sind genau die Allbereiche $B \in \mathfrak{A}$, die dann das Supremum ihres Abschnittes Ab B in $\mathfrak{A}$ sind, also

$$B = \sup \mathrm{Ab}\, B = \bigcup \mathrm{Ab}\, B\,.$$

Ist $\mathfrak{B}$ der kleinste Allbereich, so sind alle Elemente von $\mathfrak{A}$ isolierte Elemente.

(2) Die wohlgeordnete Menge $(\boldsymbol{N}, \leqq)$ der natürlichen Zahlen besitzt nur isolierte Elemente. Es ist $0 = \min \boldsymbol{N}$. $\boldsymbol{N}$ ist unbeschränkt; jede natürliche Zahl besitzt einen Nachfolger.

5. Doppeltwohlordnungen. Da mit einer Wohlordnung R nicht auch R^{-1} eine Wohlordnung sein muß, definiert man:

Definition 3. R sei eine Relation und A eine Menge: R ist eine *Doppeltwohlordnung in* A, falls R und R^{-1} Wohlordnungen in A sind; R ist eine *Doppeltwohlordnung*, falls R und R^{-1} Wohlordnungen sind. ∎

Man nennt gelegentlich eine Relation R (in A), für die R^{-1} eine Wohlordnung (in A) ist, eine *Gegenwohlordnung* (*in* A). Wir werden dafür einfach sagen, daß R^{-1} eine Wohlordnung (in A) ist.

Satz 12. *Für vollgeordnete Mengen* $(A, \leqq)$ *gilt*:

$$\leqq \textit{ Wohlordnung in } A \leftrightarrow \forall M(\emptyset \neq M \subseteq A \rightarrow \exists m(m \in M \wedge \forall x(x \in M \rightarrow m \leqq x))) \quad (\textit{Minimumbedingung}),$$

$$\geqq \textit{ Wohlordnung in } A \leftrightarrow \forall M(\emptyset \neq M \subseteq A \rightarrow \exists m(m \in M \wedge \forall x(x \in M \rightarrow x \leqq m))) \quad (\textit{Maximumbedingung}),$$

$$\leqq \textit{ Doppeltwohlordnung in } A \leftrightarrow \forall M(\emptyset \neq M \subseteq A \rightarrow \exists m_1 \exists m_2(m_1, m_2 \in M \wedge \forall x(x \in M \rightarrow m_1 \leqq x \leqq m_2))) \quad (\textit{Minimaxbedingung}).$$

Beweis. Aus Satz 1 und Definition 3. ∎

Eine Doppeltwohlordnung $\leqq$ in A ist also eine Vollordnung in A, bei der noch für jede nichtleere Teilmenge von A die Existenz des ersten und letzten Elementes gefordert wird, also für jedes $M \subseteq A$:

$$M \neq \emptyset \rightarrow \exists m\, m = \min M \wedge \exists m\, m = \max M.$$

Definition 4. Ist A eine Menge und $\leqq$ eine Doppeltwohlordnung in A, so heißt das Paar $(A, \leqq)$ die *durch* $\leqq$ *doppeltwohlgeordnete Menge* A. Eine Menge $\mathfrak{A}$ ist eine *doppeltwohlgeordnete Menge*, wenn es eine Menge A und eine Doppeltwohlordnung $\leqq$ in A gibt mit $\mathfrak{A} = (A, \leqq)$. ∎

Für doppeltwohlgeordnete Mengen $(A, \leqq)$ erhält man jetzt durch Anwendung der für wohlgeordnete Mengen gültigen Sätze auf die beiden wohlgeordneten Mengen $(A, \leqq)$ und $(A, \geqq)$ symmetrische Eigenschaften. So existiert für jedes $a \in A$ bei $a \neq \min A$ der Vorgänger $'a$ und bei $a \neq \max A$ der Nachfolger a'. Eine vollgeordnete Menge $(A, \leqq)$ ist doppeltwohlgeordnet genau dann, wenn für jedes $a \in A$ alle Mengen M_1, M_2 mit

$$\emptyset \neq M_1 \subseteq \operatorname{Ab} a, \qquad \emptyset \neq M_2 \subseteq \operatorname{Re} a$$

ein erstes Element $\min M_1$ und ein letztes Element $\max M_2$ besitzen.

Doppeltwohlordnungen sind vor allem im Zusammenhang mit dem Endlichkeitsbegriff von Bedeutung, da sie eine neue Charakterisierung der endlichen Mengen ermöglichen. Man vermutet nämlich sofort, daß eine Menge A endlich ist genau dann, wenn es eine Doppeltwohlordnung $\leqq$ in A gibt. Denn ist A endlich, so kann man die Elemente von A in einer nach endlich vielen Schritten abbrechenden Abzählung aufzählen:

$$a_0, a_1, a_2, \ldots, a_n.$$

Die dadurch in A erzeugte Anordnungsbeziehung $\leqq$ ist offenbar eine Doppeltwohlordnung. Ist umgekehrt $\leqq$ eine

Doppeltwohlordnung in einer Menge A und zählt man die Elemente von A im Sinne der Wohlordnung auf:

$$a_0, a_1, a_2, \ldots, a_\omega, a_{\omega,1}, \ldots\ldots,$$

so muß diese transfinite Abzählung bereits nach endlich vielen Schritten abbrechen, da sonst $\geqq$ keine Wohlordnung in A wäre (die Menge Ab a_ω der im Sinne von $\leq$ vor a_ω gelegenen Elemente besäße kein letztes Element). Diese Überlegungen führen zu der von ZERMELO stammenden Endlichkeitsdefinition:

Satz 13. *Für Mengen A gilt:*

$$A \text{ endlich} \leftrightarrow \exists R(R \text{ Doppeltwohlordnung in } A).$$

Beweis. $(\rightarrow)$ Für jede endliche Menge A ist die Existenz einer Doppeltwohlordnung R in A zu zeigen. Für die leere Menge $A = \emptyset$ ist $R = \emptyset$ eine Doppeltwohlordnung in A. Ist A eine endliche Menge mit einer Doppeltwohlordnung R in A und a ein beliebiges Objekt mit $a \notin A$, so ist

$$R' = R \cup (A \times \{a\}) \cup \{(a, a)\}$$

(wodurch also a einfach hinter alle Elemente von A gesetzt wird) eine Doppeltwohlordnung in $A \cup \{a\}$. Damit ist $(\rightarrow)$ induktiv über die endliche Menge A gezeigt.

$(\leftarrow)$ Ist R eine Doppeltwohlordnung in A, so ist die Endlichkeit von A zu zeigen. Zunächst sind alle Abschnitte von A bzgl. R endlich. Denn gäbe es einen unendlichen Abschnitt und wäre b das kleinste Element von A mit unendlichem Abschnitt Ab b, so wäre $b \neq \min A$ (da Ab $\min A = \emptyset$ endlich ist), und für den dann existierenden Vorgänger a von b wäre

$$\text{Ab}\, b = \text{Ab}\, a \cup \{a\}$$

mit Ab a ebenfalls endlich im Widerspruch zur Unendlichkeit von Ab b. Damit sind alle Abschnitte von A endlich. Ist $A = \emptyset$, so ist A trivial endlich. Ist $A \neq \emptyset$ und a das letzte Element von A, so ist

$$A = \mathrm{Ab}\, a \cup \{a\}$$

mit Ab a ebenfalls endlich. ∎

Außer im Zusammenhang mit dem Endlichkeitsbegriff brauchen Doppeltwohlordnungen nicht gesondert untersucht zu werden; denn sie fallen nach den Sätzen 13 und 14a) zusammen mit den Vollordnungen in endlichen Mengen.

Satz 14. a) *Für endliche Mengen A und Relationen R gilt:*

R Vollordnung in $A \leftrightarrow R$ Wohlordnung in A,

R Vollordnung in $A \leftrightarrow R$ Doppeltwohlordnung in A,

R Vollordnung in $A \rightarrow \forall x(x \in A \rightarrow x$ isoliertes Element von A bzgl. $R)$.

b) *Für unendliche Mengen A gilt:*

$\exists R(R$ Wohlordnung in $A \wedge \exists x(x$ Limeselement von A bzgl. $R))$,

$\exists R(R$ Wohlordnung in $A \wedge \neg R$ Doppeltwohlordnung in $A)$,

$\exists R(R$ Vollordnung in $A \wedge \neg R$ Wohlordnung in $A)$.

c) *Für Mengen A gilt:*

A endlich $\leftrightarrow \forall R(R$ Vollordnung in $A \rightarrow R$ Wohlordnung in $A)$,

A endlich $\leftrightarrow \forall R(R$ Vollordnung in $A \rightarrow R$ Doppeltwohlordnung in $A)$,

A endlich $\leftrightarrow \forall R(R$ Vollordnung in $A \rightarrow \forall x(x \in A \rightarrow x$ isoliertes Element von A bzgl. $R))$,

A endlich $\leftrightarrow \forall R(R$ Wohlordnung in $A \rightarrow R$ Doppeltwohlordnung in $A)$,

A endlich $\leftrightarrow \forall R(R$ Wohlordnung in $A \rightarrow \forall x(x \in A \rightarrow x$ isoliertes Element von A bzgl. $R))$.

Beweis. a) Die ersten beiden Behauptungen folgen aus Satz 6, § 3. Ist schließlich R eine Vollordnung in A, so auch eine Doppeltwohlordnung, und für jedes $x \in A$ existiert im Falle $x \neq \min A$ der Vorgänger und im Falle $x \neq \max A$ der Nachfolger, womit x isoliertes Element von A ist.

b) Ist A eine unendliche Menge, so existiert nach Satz 6d), Bd. II, § 9 eine abzählbar unendliche Teilmenge, also eine Menge $N_1 \subseteq A$ mit $N_1 \sim \boldsymbol{N}$. Ist f eine eineindeutige Abbildung von $\boldsymbol{N}$ auf N_1, $\leqq$ die übliche Wohlordnung in $\boldsymbol{N}$ und

$$S = ((\leqq \| (\boldsymbol{N} \setminus \{0\})) \cup (\boldsymbol{N} \times \{0\}),$$

so ist S eine Wohlordnung in $\boldsymbol{N}$ (0 ist als letztes Element hinter alle Zahlen $1, 2, 3, \ldots$ gesetzt worden) mit dem Limeselement 0, und f ist (nach Satz 2, § 1) Isomorphismus von $(\boldsymbol{N}, S)$ auf (N_1, R_1) bei

$$R_1 \subseteq N_1 \times N_1, \qquad xR_1y \leftrightarrow f^{-1}(x)Sf^{-1}(y).$$

Wegen $(\boldsymbol{N}, S) \simeq (N_1, R_1)$ ist (N_1, R_1) nach Satz 4 eine wohlgeordnete Menge, also R_1 eine Wohlordnung in N_1. Unter Vorwegnahme des Wohlordnungssatzes (Satz 1, § 6) gibt es eine Wohlordnung R_2 in $N_2 = A \setminus N_1$. Dann ist

$$R = R_1 \cup R_2 \cup (N_1 \times N_2)$$

eine Wohlordnung in A (die Elemente von N_1 bzw. N_2 sind in ihrer ursprünglichen Wohlordnung R_1 bzw. R_2 belassen worden, und alle Elemente von N_2 sind hinter alle Elemente von N_1 gesetzt worden). Da sich die Limeselementeigenschaft bei Isomorphie überträgt, ist mit dem Limeselement 0 von $(\boldsymbol{N}, S)$ auch $x = f(0)$ Limeselement von (N_1, R_1) und damit auch von (A, R) nach Konstruktion von R. Also existiert in jeder unendlichen Menge A eine Wohlordnung R, so daß A mindestens ein Limeselement x bzgl. R besitzt. Da dann Ab x nach Satz 11d) nichtleer ist und kein letztes Element besitzt, ist R^{-1} eine

Vollordnung in A, die keine Wohlordnung ist, und ist R keine Doppeltwohlordnung.

c) folgt aus a), b) und der Definition der Doppeltwohlordnungen. ∎

Man beachte, daß für Satz 14b) und die Richtungen ($\leftarrow$) von Satz 14c) der Wohlordnungssatz verwendet wurde. Satz 14c) gibt eine Reihe weiterer Endlichkeitsdefinitionen. Die Sätze 14c) und 8d) ergeben, daß der Abschnitt jedes Limeselementes einer wohlgeordneten Menge unendlich ist.

Satz 15. *Für wohlgeordnete Mengen* (A, R) *und* (B, S) *und Funktionen* f *von* A *in* B *gilt:*

a) f *fallend* $\rightarrow \mathrm{W}(f)$ *endlich;*

b) f *echt fallend* $\rightarrow A, \mathrm{W}(f), f$ *endlich.*

Beweis. a) Unter den Voraussetzungen des Satzes sei f fallend. Es gilt also für jedes $x, y \in A$:

$$x \leqq y \rightarrow f(x) \geqq f(y).$$

Zur Endlichkeit von $\mathrm{W}(f)$ genügt es nach Satz 13 zu zeigen, daß die induzierte Wohlordnung $S' = S \parallel \mathrm{W}(f)$ eine Doppeltwohlordnung in $\mathrm{W}(f)$ ist, daß also jede nichtleere Teilmenge von $\mathrm{W}(f)$ ein letztes Element bzgl. S' besitzt. Ist aber $\emptyset \neq X' \subseteq \mathrm{W}(f)$ und $X = f^{-1}\langle X' \rangle$ die Menge aller $x \in A$ mit $f(x) \in X'$, so ist $\emptyset \neq X \subseteq A$, womit X bzgl. R ein erstes Element m besitzt mit also $m \leqq x$ für alle $x \in X$. Nach Voraussetzung ist dann $f(m) \geqq f(x)$ für alle $x \in X$, also $m' \geqq x'$ für $m' = f(m)$ und alle $x' \in X'$. Damit ist m' das größte Element von X' bzgl. S'.

b) Fällt f echt, so ist nach a) $\mathrm{W}(f)$ endlich und f nach Satz 5a), § 3 umkehrbar, also wegen dann $A \sim \mathrm{W}(f)$ auch A endlich und wegen $f \subseteq A \times \mathrm{W}(f)$ schließlich f endlich. ∎

Speziell ergibt Satz 15a) für jede fallende Folge $(a_n)_{n<\infty}$ von Elementen einer wohlgeordneten Menge (A, R), daß (a_n) von einem Index an konstant sein muß; nach Satz 15b) gibt es keine echt fallende Folge (a_n). Auf diese Weise lassen sich sogar die Wohlordnungen unter den Vollordnungen charakterisieren. Wir definieren zunächst:

Definition 5. Eine Folge $(a_n)_{n<\infty}$ heißt *stationär*, wenn es einen Index m gibt mit $a_m = a_n$ für alle Indizes n mit $m \leqq n$. ∎

Satz 16. *Für Mengen A und Vollordnungen R in A gilt:*

a) *R Wohlordnung in $A \leftrightarrow$ Jede fallende Folge in A ist stationär.*

b) *R Wohlordnung in $A \leftrightarrow$ Es gibt keine echt fallende Folge in A.*

Beweis. Sei R Wohlordnung in A und (a_n) eine fallende Folge von Elementen aus A (d. h. also bzgl. $(\boldsymbol{N}, \leqq)$, (A, R) fallend). Wäre (a_n) nicht stationär, so gäbe es zu jedem Index m ein $n > m$ mit $a_m \neq a_n$, also mit $a_m > a_n$; sei $k(m)$ der kleinste solche Index n. Man definiere durch vollständige Induktion (Satz 12, Bd. II, § 7) die Funktion φ von $\boldsymbol{N}$ in $\boldsymbol{N}$ mit

$$\varphi(0) = 0, \qquad \varphi(n+1) = k(\varphi(n)).$$

Wegen stets

$$a_{\varphi(n)} > a_{k(\varphi(n))} = a_{\varphi(n+1)}$$

ist die Folge $(a_{\varphi(n)})_{n<\infty}$ echt fallend, womit ihr Wertebereich $\{a_{\varphi(n)}\}_{n<\infty}$ kein erstes Element besitzt im Widerspruch zur Minimumbedingung von R. Damit ist (a_n) stationär. Ist R Vollordnung in A und jede fallende Folge in A stationär, so gibt es keine echt fallende Folge in A. Schließlich sei R Vollordnung in A, und es gebe keine echt fallende Folge in A. Zu zeigen ist, daß R Wohlordnung in A ist, daß also die Minimumbedingung gilt. Ist aber M eine nichtleere Teilmenge von A ohne erstes Element, so gibt es zu jedem $x \in M$ ein $y \in M$ mit $y < x$. Ist

$$F = \{(x, y) \in M^2 \mid y < x\}$$

und f eine Auswahlfunktion der Abbildung F (Satz 2, Bd. II, § 4 und Auswahlaxiom), so ist $f(x) < x$ für alle $x \in M$. Für ein festes $a_0 \in M$ definiere man durch vollständige Induktion die Funktion a von $\boldsymbol{N}$ in M mit

$$a(0) = a_0, \qquad a(n + 1) = f(a(n)).$$

Wegen stets

$$a(n) > f(a(n)) = a(n + 1)$$

ist (a_n) eine echt fallende Folge in A im Widerspruch zur Voraussetzung. Damit besitzt jede nichtleere Teilmenge von A ein erstes Element. ∎

Dem Beweis zu Satz 16 entnimmt man allgemeiner den

Satz 17. *Für Mengen A und Ordnungen R in A gilt:*

a) $\forall M(\emptyset \neq M \subseteq A \rightarrow \exists m(m$ *minimales Element von* $A))$

$\leftrightarrow$ *Jede fallende Folge in A ist stationär.*

$\leftrightarrow$ *Es gibt keine echt fallende Folge in A.*

b) $\forall M(\emptyset \neq M \subseteq A \rightarrow \exists m(m$ *maximales Element von* $A))$

$\leftrightarrow$ *Jede wachsende Folge in A ist stationär.*

$\leftrightarrow$ *Es gibt keine echt wachsende Folge in A.*

Beweis. Analog zum Beweis von Satz 16. ∎

6. Zermelosches Lemma. Wichtige Eigenschaften wohlgeordneter Mengen resultieren aus dem einfachen, aber grundlegenden

Satz 18 (Zermelosches Lemma). *Für wohlgeordnete Mengen* $(A, \leqq)$, *Segmente S von A (insbesondere* $S = A$) *und echt wachsende Funktionen f von S in A gilt:*

$$\forall x(x \in S \rightarrow x \leqq f(x)).$$

Beweis. Es gebe unter den Voraussetzungen des Satzes ein $x \in S$ mit $f(x) < x$, und es sei

$$M = \{x \in S \mid f(x) < x\}.$$

Dann ist $\emptyset \neq M \subseteq A$, und es existiert das kleinste Element m von M. Für m gilt $f(m) < m$ wegen $m \in M$, und es ist auch $f(m) \in S$, da S Segment und $m \in S$ ist. Da f echt wächst, folgt $f(f(m)) < f(m)$, also $f(m) \in M$, also $m \leqq f(m)$ wegen $m = \min M$ im Widerspruch zu $f(m) < m$. Damit gibt es kein x mit $f(x) < x$, woraus $x \leqq f(x)$ für alle $x \in S$ folgt. ∎

Nach Satz 5b), § 3 sind die echt wachsenden Funktionen f von S in A aus Satz 18 die Isomorphismen von S auf die Teilmengen von A. Nun zu den wichtigen Folgerungen aus dem ZERMELOschen Lemma.

Satz 19. *Für wohlgeordnete Mengen* $(A, \leqq)$ *und echt wachsende Funktionen* f *von* A *in* A *gilt bei* $B = f\langle A\rangle$:

$$f = \mathrm{Id}_A \leftrightarrow B = A \leftrightarrow B \textit{ Segment von } A\,.$$

Beweis. Ist unter den Voraussetzungen des Satzes f die identische Abbildung über A, so ist trivial $B = A$. Ist $B = A$, so ist B ein Segment von A. Sei nun B ein Segment von A. Nach Satz 18 gilt $x \leqq f(x)$ für alle $x \in A$ und damit $x \in B$ für alle $x \in A$, da $f(x) \in B$ und B Segment ist. Also ist $B = A$. Da f echt wächst, ist f umkehrbar und f^{-1} wieder echt wachsend von A in A. Nach Satz 18 gilt also auch $x \leqq f^{-1}(x)$ für alle $x \in A$. Damit hat man für beliebiges $x \in A$ insgesamt:

$$x \leqq f(x)\,, \quad x \leqq f^{-1}(x)\,, \quad f(x) \leqq f(f^{-1}(x)) = x\,,$$

also schließlich $x \leqq f(x) \leqq x$, $f(x) = x$. f ist die identische Abbildung über A. ∎

Satz 20. *Für wohlgeordnete Mengen* (A, R), (B, S) *gilt*:

a) $\exists! f(f$ *Isomorphismus von* (A, R) *auf* $(B, S))$,

b) $(A, R) \simeq (B, S) \rightarrow \exists!! f(f$ *Isomorphismus von* (A, R) *auf* $(B, S))$,

c) $\exists!! f(f$ *Isomorphismus von* (A, R) *auf* $(A, R))$,
$\mathrm{Id}_A = \iota f(f$ *Isomorphismus von* (A, R) *auf* $(A, R))$.

Beweis. a) Sind f, g Isomorphismen von A auf B (bzgl. R, S), so ist $h = g^{-1} \circ f$ nach Satz 1, § 1 Isomorphismus von A auf A, also eine echt wachsende Funktion von A in A mit $h\langle A\rangle = A$, woraus nach Satz 19 $h = \mathrm{Id}_A$ folgt, also nach Satz 6, Bd. II, § 3:

$$g^{-1} \circ f = \mathrm{Id}_A = g^{-1} \circ g, \qquad f = g.$$

b) folgt direkt aus a); ebenso c), da Id_A Isomorphismus von A auf A ist. ∎

Vollgeordnete Mengen besitzen im allgemeinen mehrere Isomorphismen auf sich. Für die vollgeordnete Menge $(\boldsymbol{R}, \leqq)$ der reellen Zahlen sind als Beispiel alle Funktionen $f(x) = x + c$ über $\boldsymbol{R}$ bei beliebig konstantem $c \in \boldsymbol{R}$ Isomorphismen von $\boldsymbol{R}$ auf sich. Ist (B, S) eine zu $(\boldsymbol{R}, \leqq)$ isomorphe geordnete Menge mit dem festen Isomorphismus g von $\boldsymbol{R}$ auf B, so sind alle Abbildungen $h = g \circ f$ Isomorphismen von $\boldsymbol{R}$ auf B, wo f alle Isomorphismen von $\boldsymbol{R}$ auf sich durchlaufe. Man wähle etwa das reelle Intervall

$$B =]-1, 1[, \quad S = \leqq \| B$$

und über $\boldsymbol{R}$ die Funktion g mit

$$g(x) = \frac{x}{1+x} \text{ für } x \geqq 0, \quad g(x) = \frac{x}{1-x} \text{ für } x \leqq 0.$$

Satz 21. *Für wohlgeordnete Mengen $(A, \leqq)$, Elemente $a, b \in A$ und Segmente S, T von A gilt:*

a) $\neg \exists x \exists X(x \in A \wedge X \subseteq \mathrm{Ab}\, x$
$\wedge (A, \leqq) \simeq (X, \leqq \| X))$,

b) $(A, \leqq) \not\simeq (\mathrm{Ab}\, a, \leqq \| \mathrm{Ab}\, a)$,

c) $(A, \leqq) \simeq (S, \leqq \| S) \leftrightarrow S = A$,

d) $(\mathrm{Ab}\, a, \leqq \| \mathrm{Ab}\, a) \simeq (\mathrm{Ab}\, b, \leqq \| \mathrm{Ab}\, b)$
$\leftrightarrow a = b \leftrightarrow \mathrm{Ab}\, a = \mathrm{Ab}\, b$,

e) $(S, \leqq \| S) \simeq (T, \leqq \| T) \leftrightarrow S = T$.

Beweis. a) Wäre f ein Isomorphismus von A auf X bei $X \subseteq \mathrm{Ab}\, x$ für ein $x \in A$, so wäre nach Satz 18 $x \leqq f(x)$

im Widerspruch zu $f(x) < x$ wegen $f(x) \in X$. b) ist ein Spezialfall von a). c) folgt aus a) und Satz 6. d) Nach Satz 11a), § 3 gilt

$$\mathrm{Ab}\, a = \mathrm{Ab}\, b \leftrightarrow a = b .$$

Es verbleibt noch zu zeigen, daß $a = b$ aus der Isomorphie von $\mathrm{Ab}\, a$ mit $\mathrm{Ab}\, b$ folgt. Wäre aber $a < b$ (analog bei $b < a$), so wäre $\mathrm{Ab}\, a \subset \mathrm{Ab}\, b$ (vgl. auch Satz 11b), § 3), also $\mathrm{Ab}\, a$ ein Abschnitt von $\mathrm{Ab}\, b$ (vgl. auch Satz 10c), § 3), der im Widerspruch zu a) mit $\mathrm{Ab}\, b$ isomorph wäre wegen

$$\leqq \| \mathrm{Ab}\, a = (\leqq \| \mathrm{Ab}\, b) \| \mathrm{Ab}\, a$$

(vgl. Satz 8, Bd. II, § 2) und damit

$$\begin{aligned}(\mathrm{Ab}\, a, (\leqq \| \mathrm{Ab}\, b) \| \mathrm{Ab}\, a) &= (\mathrm{Ab}\, a, \leqq \| \mathrm{Ab}\, a) \\ &\simeq (\mathrm{Ab}\, b, \leqq \| \mathrm{Ab}\, b).\end{aligned}$$

e) folgt aus d), b) und Satz 6. ∎

S a t z 22. *Wohlgeordnete Mengen (A, R) und (B, S) sind isomorph genau dann, wenn gilt:*

$$\begin{aligned}\forall x\, \exists y (x \in A \rightarrow y \in B \wedge (\mathrm{Ab}\, x, R \| \mathrm{Ab}\, x) \\ \simeq (\mathrm{Ab}\, y, S \| \mathrm{Ab}\, y)),\end{aligned}$$

$$\begin{aligned}\forall y\, \exists x (y \in B \rightarrow x \in A \wedge (\mathrm{Ab}\, x, R \| \mathrm{Ab}\, x) \\ \simeq (\mathrm{Ab}\, y, S \| \mathrm{Ab}\, y)).\end{aligned}$$

B e w e i s. ($\rightarrow$) Ist f ein Isomorphismus von A auf B (bzgl. R, S), so ist f^{-1} nach Satz 1, § 1 ein Isomorphismus von B auf A, und mit der Invarianz des Abschnittsbegriffes gegenüber isomorphen Abbildungen (vgl. hinter Definition 14, § 2) gilt nach Satz 2, § 1 für jedes $x \in A$ und jedes $y \in B$:

$$(\mathrm{Ab}\, x, R \| \mathrm{Ab}\, x) \underset{f | \mathrm{Ab}\, x}{\simeq} (\mathrm{Ab}\, f(x), S \| \mathrm{Ab}\, f(x)),$$

$$(\mathrm{Ab}\, y, S \| \mathrm{Ab}\, y) \underset{f^{-1} | \mathrm{Ab}\, y}{\simeq} (\mathrm{Ab}\, f^{-1}(y), R \| \mathrm{Ab}\, f^{-1}(y)).$$

($\leftarrow$) Gibt es zu jedem Abschnitt von A einen isomorphen Abschnitt von B und umgekehrt, so gibt es nach Satz 21 d) auch jeweils genau einen solchen isomorphen Abschnitt. Jeder Abschnitt ist außerdem Abschnitt genau eines Elementes, so daß wir die Funktion

$$f(x) = \iota y(y \in B \wedge (\mathrm{Ab}\, x, R \parallel \mathrm{Ab}\, x) \simeq (\mathrm{Ab}\, y, S \parallel \mathrm{Ab}\, y))$$

von A auf B definieren können. f ist dann ein Isomorphismus von A auf B, wofür nach Satz 5b), § 3 noch

$$x_1 < x_2 \rightarrow f(x_1) < f(x_2)$$

für alle $x_1, x_2 \in A$ zu zeigen ist. Ist aber $x_1 < x_2$ und

$$(\mathrm{Ab}\, x_2, R \parallel \mathrm{Ab}\, x_2) \underset{\varphi}{\simeq} (\mathrm{Ab}\, f(x_2), S \parallel \mathrm{Ab}\, f(x_2)),$$

so ist

$$\mathrm{Ab}\, x_1 \cup \{x_1\} \subseteq \mathrm{Ab}\, x_2,$$

$$\mathrm{Ab}\, \varphi(x_1) \cup \{\varphi(x_1)\} \subseteq \mathrm{Ab}\, f(x_2),$$

$$(\mathrm{Ab}\, x_1, (R \parallel \mathrm{Ab}\, x_2) \parallel \mathrm{Ab}\, x_1)$$
$$\underset{\varphi \mid \mathrm{Ab}\, x_1}{\simeq} (\mathrm{Ab}\, \varphi(x_1), (S \parallel \mathrm{Ab}\, f(x_2)) \parallel \mathrm{Ab}\, \varphi(x_1)),$$

$$(\mathrm{Ab}\, x_1, R \parallel \mathrm{Ab}\, x_1) \simeq (\mathrm{Ab}\, \varphi(x_1), S \parallel \mathrm{Ab}\, \varphi(x_1))$$

und damit

$$f(x_1) = \varphi(x_1) < f(x_2)$$

nach Definition von f. ∎

7. Hauptsatz. Der folgende Satz wird als Hauptsatz der Wohlordnungstheorie betrachtet, weil aus ihm später tiefer liegende Wohlordnungseigenschaften der Ordinalzahlen resultieren (Vergleichbarkeit, Minimumbedingung; vgl. § 9) und man mit seiner Hilfe (in Verbindung mit dem Wohlordnungssatz) auch die Wohlordnung der Kardinalzahlen beweisen kann (vgl. § 7).

Satz 23 (Hauptsatz der Wohlordnungstheorie). *Für wohlgeordnete Mengen* (A, R) *und* (B, S) *gilt*:

$$\exists Y(Y \textit{ Segment von } B \wedge (A, R) \simeq (Y, S \parallel Y))$$

oder

$$\exists X(X \textit{ Segment von } A \wedge (B, S) \simeq (X, R \parallel X)).$$

Beweis. Dem Beweis des Hauptsatzes liegt folgende Idee zugrunde: Sind

$$a_0, a_1, a_2, \ldots, a_\omega, a_{\omega,1}, \ldots\ldots$$

bzw.

$$b_0, b_1, b_2, \ldots, b_\omega, b_{\omega,1}, \ldots\ldots$$

die Elemente von A in der Reihenfolge bzgl. R bzw. die Elemente von B in der Reihenfolge bzgl. S, so bilde man anschaulich die Funktion F, welche der Reihe nach den Elementen a die darunterstehenden Elemente b zuordnet, wobei das Zuordnungsverfahren so lange fortgesetzt werde wie möglich, d. h. so lange, bis alle Elemente von A oder alle Elemente von B verbraucht sind. Für

$$X_0 = \mathrm{D}(F), \qquad Y_0 = \mathrm{W}(F)$$

ist F anschaulich ein Isomorphismus von $(X_0, R \parallel X_0)$ auf $(Y_0, S \parallel Y_0)$, und X_0 ist Segment von A und Y_0 Segment von B. Im Falle $X_0 = A$ gilt also

$$(A, R) \simeq (Y_0, S \parallel Y_0);$$

im Falle $X_0 \subset A$ ist anschaulich $Y_0 = B$, also

$$(B, S) \simeq (X_0, R \parallel X_0).$$

Die Funktion F ist offenbar die Vereinigung aller (nach Satz 20a) eindeutig bestimmten) isomorphen Abbildungen f von Segmenten X von A auf Segmente Y von B. Diese Beweisidee soll nun in einen exakten Beweis umgesetzt werden.

(A, R) und (B, S) seien also wohlgeordnete Mengen und

$$\mathfrak{F} = \{f \mid \exists X \exists Y(X \textit{ Segment von } A \wedge Y \textit{ Segment von } B \wedge (X, R \parallel X) \underset{f}{\simeq} (Y, S \parallel Y))\},$$

$$F = \bigcup \mathfrak{F}, \qquad X_0 = \mathrm{D}(F), \qquad Y_0 = \mathrm{W}(F).$$

Hilfssatz 1. Für beliebige $f_1, f_2 \in \mathfrak{F}$ ist $f_1 \subseteq f_2$ oder $f_2 \subseteq f_1$.

Beweis. Es sei f_1 Isomorphismus des Segmentes X_1 von A auf das Segment Y_1 von B und f_2 Isomorphismus des Segmentes X_2 von A auf das Segment Y_2 von B. Nach Satz 10b), § 3 ist $X_1 \subseteq X_2$ oder $X_2 \subseteq X_1$. Es genügt damit zu zeigen:

$$f_1(x) = f_2(x) \text{ für alle } x \in X_1 \cap X_2.$$

Würde dies nicht gelten, so sei x_0 das in bezug auf R kleinste $x \in X_1 \cap X_2$ mit $f_1(x) \neq f_2(x)$; es ist dann $f_1(x_0) \neq f_2(x_0)$, also

$$f_1(x_0) < f_2(x_0) \vee f_2(x_0) < f_1(x_0)$$

in bezug auf S. Da Y_2, Y_1 Segmente von B sind, gilt weiter

$$f_1(x_0), f_2(x_0) \in Y_2 \vee f_2(x_0), f_1(x_0) \in Y_1.$$

Es gibt also ein $x \in X_2$ mit $f_1(x_0) = f_2(x)$ oder ein $x \in X_1$ mit $f_2(x_0) = f_1(x)$. Dann gilt insgesamt

$$f_2(x) < f_2(x_0) \vee f_1(x) < f_1(x_0),$$

also $x < x_0$, da f_2, f_1 Isomorphismen sind. Da die X_1, X_2 Segmente von A sind, folgt $x \in X_1 \cap X_2$ aus $x < x_0$ und $x_0 \in X_1 \cap X_2$. Nach Definition von x_0 folgt $f_1(x) = f_2(x)$ aus $x \in X_1 \cap X_2$ und $x < x_0$, womit schließlich

$$f_1(x_0) = f_1(x) \vee f_2(x_0) = f_2(x)$$

gilt, also $x_0 = x$ im Widerspruch zu $x < x_0$. Damit ist Hilfssatz 1 bewiesen.

Hilfssatz 2.

$$(X_0, R \parallel X_0) \underset{F}{\simeq} (Y_0, S \parallel Y_0).$$

Beweis. Zunächst ist F eineindeutig. Denn sind (x, y_1), $(x, y_2) \in F$ bei $(x, y_1) \in f_1$ und $(x, y_2) \in f_2$ für gewisse $f_1, f_2 \in \mathfrak{F}$, so gilt nach Hilfssatz 1 $f_1 \subseteq f_2$ oder $f_2 \subseteq f_1$, also

$$(x, y_1), (x, y_2) \in f \quad \text{für} \quad f = f_1 \cup f_2 \in \mathfrak{F},$$

also $y_1 = y_2$, da f eindeutig ist. Damit ist F eindeutig. Ebenso erhält man die Voreindeutigkeit von F aus der Voreindeutigkeit der Funktionen $f \in \mathfrak{F}$, und F ist insgesamt eineindeutig. F ist auch ordnungstreu. Denn für

$$x_1, x_2 \in X_0, \qquad y_1 = F(x_1), \qquad y_2 = F(x_2)$$

ist wieder $(x_1, y_1) \in f_1$ und $(x_2, y_2) \in f_2$ für gewisse $f_1, f_2 \in \mathfrak{F}$ und damit

$$(x_1, y_1), (x_2, y_2) \in f \quad \text{für} \quad f = f_1 \cup f_2 \in \mathfrak{F},$$

womit

$$x_1 \leqq x_2 \leftrightarrow y_1 \leqq y_2$$

gilt, da f Isomorphismus ist.

Hilfssatz 3. X_0 ist ein Segment von A, Y_0 ein Segment von B, und es gilt:

$$X_0 = A \vee Y_0 = B.$$

Beweis. Ist $x \in X_0$, $u \in A$, $u \leqq x$, $(x, y_1) \in f$ und f Isomorphismus des Segmentes X von A auf das Segment Y von B, so ist mit $x \in X$ auch $u \in X$, also $(u, y_2) \in f$ für ein y_2, also $u \in X_0$. Damit ist X_0 ein Segment von A. Ist $y \in Y_0$, $v \in B$, $v \leqq y$, $(x_1, y) \in f$ und f Isomorphismus des Segmentes X von A auf das Segment Y von B, so ist mit $y \in Y$ auch $v \in Y$, also $(x_2, v) \in f$ für ein x_2, also $v \in Y_0$. Damit ist Y_0 ein Segment von B. Wäre nicht $X_0 = A$ oder $Y_0 = B$, so sei

$$x = \min (A \setminus X_0), \qquad y = \min (B \setminus Y_0).$$

Dann ist $X = X_0 \cup \{x\}$ ein Segment von A, $Y = Y_0 \cup \{y\}$ ein Segment von B und $f = F \cup \{(x, y)\}$ ein Isomorphismus von X auf Y, also $f \in \mathfrak{F}$ und somit $x \in X_0$, $y \in Y_0$ im

Widerspruch zur Konstruktion von x, y. Damit ist Hilfssatz 3 bewiesen.

Die Hilfssätze 2, 3 ergeben schließlich

$$(A, R) \underset{F}{\simeq} (Y_0, S \parallel Y_0) \vee (B, S) \underset{F^{-1}}{\simeq} (X_0, R \parallel X_0),$$

wobei Y_0 und X_0 Segmente sind. ∎

In Satz 23 ist das Segment Y bzw. X nach Satz 21e) eindeutig bestimmt, ebenso nach Satz 20b) der Isomorphismus von A auf Y bzw. von B auf X. Das Bestehen gleichzeitig beider Isomorphien des Satzes 23 ist über das ZERMELOsche Lemma gleichbedeutend mit der Isomorphie von A und B:

Satz 24. *Wohlgeordnete Mengen* (A, R) *und* (B, S) *sind isomorph genau dann, wenn gilt:*

$$\exists Y(Y \text{ Segment von } B \wedge (A, R) \simeq (Y, S \parallel Y))$$

und

$$\exists X(X \text{ Segment von } A \wedge (B, S) \simeq (X, R \parallel X)).$$

Beweis. ($\rightarrow$) ist trivial, da B und A Segmente von sich selbst sind. ($\leftarrow$) Ist f Isomorphismus von (A, R) auf $(Y, S \parallel Y)$ und g Isomorphismus von (B, S) auf $(X, R \parallel X)$, wo Y bzw. X ein Segment von B bzw. A ist, so ist nach den Sätzen 1, 2 aus § 1 die Abbildung

$$h = (g \mid Y) \circ f$$

ein Isomorphismus von (A, R) auf $(g\langle Y\rangle, R \parallel g\langle Y\rangle)$, wobei $g\langle Y\rangle$ nach der Invarianz des Segmentbegriffes gegenüber isomorphen Abbildungen ein Segment von A ist. Nach Satz 19 ist dann $g\langle Y\rangle = A$ wegen $g\langle Y\rangle = h\langle A\rangle$, also auch $X = A$ wegen $g\langle Y\rangle \subseteq X \subseteq A$, womit g ein Isomorphismus von (B, S) auf (A, R) ist, und (A, R) und (B, S) sind isomorph. ∎

Als nützliche Folgerung aus Satz 23 ist jede Teilmenge einer wohlgeordneten Menge mit einem Segment derselben isomorph:

Satz 25. *Für wohlgeordnete Mengen* $(A, \leqq)$ *und Teilmengen* $U \subseteq A$ *gilt*:

$$\exists S(S \text{ Segment von } A \wedge (U, \leqq \| U) \simeq (S, \leqq \| S)).$$

Beweis. Gäbe es kein solches Segment S von A, so wäre A nach Satz 23 mit einem Segment X von U isomorph, und es wäre $X \neq U$, da man sonst $S = A$ wählen könnte. Es ist also

$$X = \underset{(U, \leqq \| U)}{\text{Ab}} a \quad \text{für} \quad \text{ein} \quad a \in U$$

und

$$(A, \leqq) \underset{f}{\simeq} (X, \leqq \| X) \quad \text{für ein } f.$$

f ist dann eine echt wachsende Funktion von A in A mit $f(a) \in X$, also mit $f(a) < a$ im Widerspruch zu Satz 18, wonach $x \leqq f(x)$ für alle $x \in A$ gilt. ∎

Das Segment S in Satz 25 ist nach Satz 21e) zur vorgegebenen Teilmenge U eindeutig bestimmt.

8. Vereinigungen wohlgeordneter Mengen. Von den verschiedenen Prozessen der Bildung neuer Mengen aus vorgegebenen Mengen, wie wir sie als elementare und verallgemeinerte Mengenoperationen in Bd. II, §§ 1, 5 kennengelernt haben, sind für die Übertragung auf wohlgeordnete Mengen Vereinigungs- und Produktbildung von besonderem Interesse. Sie besitzen später in der Arithmetik der Ordinalzahlen ausschlaggebende Bedeutung. Wir studieren deshalb in den Abschnitten 8 und 9 die Möglichkeiten, Vereinigungen und Produkte wohlgeordneter Mengen zu bilden. Die in den Sätzen 26 und 27 beschriebene Vereinigung geordneter Mengen nennt man auch deren *Komposition*. Geben wir im folgenden etwa eine disjunkte Familie $(A_i, \varrho_i)_{i \in I}$ geordneter Mengen vor, so ist darunter natürlich exakt zu verstehen, daß $(A_i)_{i \in I}$ eine disjunkte Mengenfamilie, $(\varrho_i)_{i \in I}$ eine Familie von Ordnungen ϱ_i in A_i und daß

$$(A_i, \varrho_i)_{i \in I} = ((A_i, \varrho_i))_{i \in I}$$

sein soll.

Satz 26. *Für disjunkte Familien* $(A_i, \varrho_i)_{i\in I}$ *geordneter Mengen mit geordnetem Indexbereich* (I, τ) *und*

$$V = \bigcup_{i\in I} A_i, \qquad R = \bigcup_{i\in I} \varrho_i \cup \bigcup_{\substack{i,j\in I\\ i<j}} (A_i \times A_j),$$

wobei also für die Relation R *in* V *stets*

$$xRy \leftrightarrow \exists i\, \exists j (i\tau j \wedge x \in A_i \wedge y \in A_j \,.\wedge.\, i = j \rightarrow x\varrho_i y)$$

für alle $x, y \in V$ *ist, gilt:*

a) (V, R) *ist eine geordnete Menge.*

b) *Sind die* ϱ_i, τ *Vollordnungen, so ist* (V, R) *eine vollgeordnete Menge.*

c) *Sind die* ϱ_i, τ *Wohlordnungen, so ist* (V, R) *eine wohlgeordnete Menge.*

Beweis. Aus den Definitionen. ∎

Die Ordnung R in V aus Satz 26 beläßt die Elemente einer jeden geordneten Menge (A_i, ϱ_i) in ihrer ursprünglichen Ordnung ϱ_i und setzt die verschiedenen Mengen A_i noch hinsichtlich der Ordnung τ nebeneinander. Es ist für alle Indizes i:

$$R \parallel A_i = \varrho_i$$

und für alle Elemente $x, y \in V$ und die eindeutig zugehörigen Indizes i, j mit $x \in A_i$, $y \in A_j$:

$$x \underset{R}{\leqq} y \leftrightarrow (i = j \wedge x \underset{\varrho_i}{\leqq} y) \vee i \underset{\tau}{<} j$$

$$\leftrightarrow i \underset{\tau}{\leqq} j \wedge (i = j \rightarrow x \underset{\varrho_i}{\leqq} y),$$

$$x \underset{R}{<} y \leftrightarrow (i = j \wedge x \underset{\varrho_i}{<} y) \vee i \underset{\tau}{<} j$$

$$\leftrightarrow i \underset{\tau}{\leqq} j \wedge (i = j \rightarrow x \underset{\varrho_i}{<} y).$$

Satz 26 gilt speziell (unter Vermittlung des Indexbereiches $I = \{1, 2\}$ mit der üblichen Anordnung τ) für zwei disjunkte geordnete Mengen (A, ϱ), (B, σ); es ist dann

$$V = A \cup B, \qquad R = \varrho \cup \sigma \cup (A \times B).$$

Eine zweite nützliche Kompositionsmöglichkeit liefert folgender

Satz 27. *Für Familien $(A_i, \varrho_i)_{i \in I}$ geordneter Mengen und*

$$V = \bigcup_{i \in I} A_i, \qquad R = \bigcup_{i \in I} \varrho_i$$

mit

$$A_i \subseteq A_j \wedge \varrho_i = \varrho_j \parallel A_i \;.\vee.\; A_j \subseteq A_i \wedge \varrho_j = \varrho_i \parallel A_j$$

für alle $i, j \in I$, wonach also stets (A_i, ϱ_i) geordnete Untermenge von (A_j, ϱ_j) ist oder umgekehrt, gilt:

a) $\exists!!X(X \text{ Relation in } V \wedge \forall i(i \in I \rightarrow X \parallel A_i = \varrho_i))$,
$R = \iota X(X \text{ Relation in } V \wedge \forall i(i \in I \rightarrow X \parallel A_i = \varrho_i))$.

b) *(V, R) ist eine geordnete Menge.*

c) *Sind die ϱ_i Vollordnungen, so ist (V, R) eine vollgeordnete Menge.*

d) *Sind die ϱ_i Wohlordnungen und ist noch*

$$A_i \text{ Segment von } (A_j, \varrho_j) \vee A_j \text{ Segment von } (A_i, \varrho_i)$$

für alle $i, j \in I$, also insgesamt

$$A_i \subseteq A_j \wedge \varrho_i = \varrho_j \parallel A_i \wedge A_i \text{ Segment von } (A_j, \varrho_j)$$

oder

$$A_j \subseteq A_i \wedge \varrho_j = \varrho_i \parallel A_j \wedge A_j \text{ Segment von } (A_i, \varrho_i)$$

für alle $i, j \in I$, so ist (V, R) eine wohlgeordnete Menge.

Beweis. a) Unter den Voraussetzungen des Satzes sei X eine Relation in V mit $X \parallel A_i = \varrho_i$ für alle $i \in I$. Dann ist stets

$$\varrho_i = X \cap (A_i \times A_i) \subseteq X,$$

also

$$R = \bigcup_{i \in I} \varrho_i \subseteq X.$$

Ist umgekehrt $(x, y) \in X$, so sind x, y Elemente von V, und es gibt auf Grund der Vergleichbarkeit der A_i einen Index i mit $x, y \in A_i$, also

$$(x, y) \in X \cap (A_i \times A_i) = \varrho_i;$$

damit ist auch

$$X \subseteq \bigcup_{i \in I} \varrho_i = R.$$

Es kann also höchstens R eine solche Relation X sein. Schließlich ist R eine Relation in V mit stets

$$R \parallel A_i = \bigcup_{j \in I} \varrho_j \cap (A_i \times A_i) = \varrho_i.$$

Denn aus

$$(x, y) \in \varrho_j \cap (A_i \times A_i)$$

und der Voraussetzung

$$\varrho_i = \varrho_j \parallel A_i \vee \varrho_j = \varrho_i \parallel A_j$$

folgt $(x, y) \in \varrho_i$, womit $R \parallel A_i \subseteq \varrho_i$ gilt; $\varrho_i \subseteq R \parallel A_i$ ist trivial. Damit ist a) bewiesen.

b) und c) beweist man ohne Schwierigkeiten.

d) Nach c) ist noch die Minimumbedingung für R in V zu zeigen, wobei stets ϱ_i Wohlordnung in A_i ist und

$$A_i \subseteq A_j \wedge \varrho_i = \varrho_j \parallel A_i \wedge A_i \textit{ Segment von } (A_j, \varrho_j)$$

oder

$$A_j \subseteq A_i \wedge \varrho_j = \varrho_i \parallel A_j \wedge A_j \textit{ Segment von } (A_i, \varrho_i)$$

gilt. Sei $\emptyset \neq M \subseteq V$. Es gibt einen Index i mit $M \cap A_i \neq \emptyset$, und $M \cap A_i$ besitzt in bezug auf ϱ_i ein erstes Element m. Wir zeigen, daß m auch das erste Element von M in bezug auf R ist. Trivial ist $m \in M$. Wäre $x \in M$ und $x \underset{R}{<} m$, so gäbe es einen Index j mit $(x, m) \in \varrho_j$ und $x \neq m$, also mit $x, m \in A_j$ und $x \underset{\varrho_j}{<} m$. Wählt man $k = j$ im Falle $A_i \subseteq A_j$ und $k = i$ im Falle $A_j \subset A_i$, so gilt nach obiger

Voraussetzung:

$$x, m \in M \cap A_k, \qquad A_i \subseteq A_k, \qquad \varrho_i = \varrho_k \,\|\, A_i,$$
$$A_i \text{ Segment von } (A_k, \varrho_k), \qquad x \underset{\varrho_k}{<} m.$$

Da A_i ein Segment von (A_k, ϱ_k) ist, folgt $x \in A_i$ aus $m \in A_i$ und $x \underset{\varrho_k}{<} m$. Aus $x, m \in A_i$, $x \underset{\varrho_k}{<} m$ und $\varrho_i = \varrho_k \,\|\, A_i$ folgt $x \underset{\varrho_i}{<} m$. Schließlich ist $x, y \in M \cap A_i$ und $x \underset{\varrho_i}{<} m$ ein Widerspruch dazu, daß m das Minimum von $M \cap A_i$ in bezug auf ϱ_i ist. Also gilt $m \underset{R}{\leqq} x$ für alle $x \in M$, und m ist das gewünschte Minimum. ∎

Satz 27 gilt speziell für endlich viele geordnete Mengen $(A_1, \varrho_1), \ldots, (A_n, \varrho_n)$ bei $n \geqq 1$. Dann ist aber das Mengensystem $\{A_i\}_{1 \leqq i \leqq n}$ eine Kette, besitzt ein größtes Element A_m, und es ist sofort

$$V = A_m \quad \text{und} \quad R = \varrho_m,$$

woraus unmittelbar die Behauptungen von Satz 27 folgen (in d) ist die zusätzliche Segmentsvoraussetzung sogar entbehrlich). Satz 27 ist also für endlichen Indexbereich I trivial.

In Ergänzung zu Satz 27d) gilt noch der

Satz 28. *Unter den Voraussetzungen von* Satz 27d) *gilt für jedes $S \subseteq V$, jedes $i \in I$ und jedes $a \in A_i$:*

a) *S Segment von $(A_i, \varrho_i) \to S$ Segment von (V, R),*

b) $\underset{(A_i,\varrho_i)}{\mathrm{Ab}}\; a = \underset{(V,R)}{\mathrm{Ab}}\; a$.

Beweis. a) Nach den Bemerkungen hinter Definition 14, § 2 ist wegen $\varrho_i = R \,\|\, A_i$ nur zu zeigen, daß A_i Segment von V bzgl. R ist. Ist aber $x \in A_i$ und $y \in V$ mit $y \underset{R}{\leqq} x$, so gibt es ein $j \in I$ mit $y \underset{\varrho_j}{\leqq} x$ und damit $x, y \in A_j$, und nach Voraussetzung ist A_j ein Segment von A_i oder umgekehrt. In beiden Fällen ist sofort $y \in A_i$.

b) Trivial ist der linke Abschnitt Teilmenge des rechten. Es gilt auch die umgekehrte Inklusion. Hierzu ist für jedes $x \in V$ mit $x \underset{R}{<} a$ wegen $\varrho_i = R \parallel A_i$ zu zeigen $x \in A_i$. Ist $x \underset{\varrho_j}{<} a$ bei $x, a \in A_j$, so ist wieder A_j Segment von A_i oder umgekehrt, und in beiden Fällen ist sofort $x \in A_i$. ∎

Man nennt die geordnete Menge (V, R) von Satz 26 bzw. 27 auch die *geordnete Vereinigung* von $(A_i, \varrho_i)_{i \in I}$ bzgl. τ bzw. von $(A_i, \varrho_i)_{i \in I}$ und nennt R die *Vereinigungsordnung* von $(\varrho_i)_{i \in I}$ bzgl. τ bzw. von $(\varrho_i)_{i \in I}$. Man könnte (V, R) und R bezeichnen durch:

$$\bar{\bigcup_{i \in (I, \tau)}} (A_i, \varrho_i) \quad \text{und} \quad \bar{\bigcup_{i \in (I, \tau)}} \varrho_i$$

bzw.

$$\bar{\bigcup_{i \in I}} (A_i, \varrho_i) \quad \text{und} \quad \bar{\bigcup_{i \in I}} \varrho_i;$$

bei zwei geordneten Mengen (A, ϱ), (B, σ) auch:

$$(A, \varrho) \mathbin{\bar{\cup}} (B, \sigma) \quad \text{und} \quad \varrho \mathbin{\bar{\cup}} \sigma.$$

Wie wir in Bd. II, § 7, Abschn. 7 gesehen haben, ermöglichen disjunkte Vereinigungen endlicher Mengen A und B eine repräsentantenweise Definition der Summe zweier natürlicher Zahlen. Dieselbe wichtige Rolle werden später ganz allgemein disjunkte Vereinigungen von Mengenfamilien für die Definition der Summe von Kardinalzahlfamilien spielen und wohlgeordnete disjunkte Vereinigungen von Familien wohlgeordneter Mengen über wohlgeordnetem Indexbereich für die Definition der Summe von Ordinalzahlfamilien. Man nennt daher die Vereinigung $\bigcup_{i \in I} A_i$ disjunkter Mengenfamilien $(A_i)_{i \in I}$ auch deren (*allgemeine*) *Summe* und bezeichnet sie gelegentlich durch:

$$\sum_{i \in I} A_i;$$

bei zwei disjunkten Summanden A, B auch:

$$A + B.$$

Ebenso nennt man die geordnete Menge (V, R) bzw. die Ordnung R von Satz 26 auch die *geordnete Summe* von $(A_i, \varrho_i)_{i\in I}$ bzgl. τ bzw. die *Summenordnung* von $(\varrho_i)_{i\in I}$ bzgl. τ und bezeichnet sie gelegentlich durch:

$$\sum_{i\in(I,\tau)} (A_i, \varrho_i) \quad \text{bzw.} \quad \sum_{i\in(I,\tau)} \varrho_i ;$$

bei zwei disjunkten Summanden (A, ϱ), (B, σ) auch:

$$(A, \varrho) + (B, \sigma) \quad \text{bzw.} \quad \varrho + \sigma .$$

9. Produkte wohlgeordneter Mengen. Die einfachste Produktbildung geordneter Mengen gibt folgender

Satz 29. *Für Familien $(A_i, \varrho_i)_{i\in I}$ geordneter Mengen und*

$$P = \bigtimes_{i\in I} A_i , \qquad R = \{(x, y) \in P^2 \mid \forall i(i \in I \to x_i \underset{\varrho_i}{\leqq} y_i)\}$$

ist (P, R) eine geordnete Menge.

Beweis. Aus den Definitionen. ∎

Als Spezialfall von Satz 29 ist in der Menge $P = B^A$ aller Funktionen f von einer Menge A in eine geordnete Menge (B, ϱ) die Relation

$$f \leqq g \leftrightarrow \forall x(x \in A \to f(x) \underset{\varrho}{\leqq} g(x))$$

eine Ordnung. Bereits für zweielementige Mengen A und B ist $\leqq$ keine Vollordnung in P, auch wenn ϱ Vollordnung (und damit Wohlordnung) in B ist. Die Produktbildung des Satzes 29 kann kein wohlgeordnetes Produkt wohlgeordneter Mengen liefern.

Satz 29 gilt speziell (unter Verwendung des Indexbereiches $I = \{1, 2\}$ und von Paaren $(x, y) \in A \times B$ an Stelle von Familien $x \in \bigtimes_{i\in I} A_i$) für zwei geordnete Mengen (A, ϱ), (B, σ); es ist dann

$$P = A \times B , \qquad R \subseteq P \times P ,$$

$$(a, b)R(a', b') \leftrightarrow a \underset{\varrho}{\leqq} a' \wedge b \underset{\sigma}{\leqq} b' .$$

Man nennt die geordnete Menge (P, R) von Satz 29 auch das *geordnete Produkt* von $(A_i, \varrho_i)_{i\in I}$ und R die *Produktordnung* von $(\varrho_i)_{i\in I}$.

Es gibt eine weitere naheliegende Möglichkeit der Produktbildung, wenn man die alphabetische oder entgegengesetzt alphabetische Reihenfolge der Wörter in einem Lexikon (gemäß der alphabetischen Reihenfolge ihrer Buchstaben) nachahmt. Das führt zu den folgenden beiden Sätzen.

Satz 30. *Für Familien $(A_i, \varrho_i)_{i\in I}$ geordneter Mengen mit vollgeordnetem Indexbereich (I, τ), $P = \bigtimes_{i\in I} A_i$ und die Relation R in P mit*

$$xRy \leftrightarrow x = y \vee \exists k(k \in I \wedge x_k \underset{\varrho_k}{<} y_k \wedge \forall i(i \underset{\tau}{<} k \rightarrow x_i = y_i))$$

für alle $x, y \in P$, wobei *der „kritische Index" k von x, y im Existenzfall eindeutig als*

$$k = \min\{i \in I \mid x_i \neq y_i\}$$

bestimmt ist, gilt:

a) *(P, R) ist eine geordnete Menge.*

b) *Sind die ϱ_i Vollordnungen und ist τ eine Wohlordnung, so ist (P, R) eine vollgeordnete Menge.*

c) *Sind die ϱ_i Wohlordnungen und ist I endlich, so ist (P, R) eine wohlgeordnete Menge.*

Beweis. a) Trivial ist R reflexiv in P. Ist xRy und yRz, so ist in den Fällen $x = y$ oder $y = z$ trivial xRz. Ist $x \neq y$ und $y \neq z$, so gibt es Indizes $k_1, k_2 \in I$ mit

$$x_{k_1} < y_{k_1} \wedge \forall i(i < k_1 \rightarrow x_i = y_i)$$

und

$$y_{k_2} < z_{k_2} \wedge \forall i(i < k_2 \rightarrow y_i = z_i).$$

Da τ Vollordnung in I ist, gilt $k_1 \leqq k_2$ oder $k_2 \leqq k_1$. Wählt man $k = k_1$, falls $k_1 \leqq k_2$ ist, und $k = k_2$, falls

$k_2 \leqq k_1$ ist, so gilt

$$x_k < z_k \wedge \forall i(i < k \rightarrow x_i = z_i),$$

also xRz. Damit ist R transitiv. Schließlich ist R antisymmetrisch. Denn ist xRy und yRx und wäre $x \neq y$, so gäbe es wieder zugehörige kritische Indizes k_1, k_2, welche beide der kleinste Index k mit $x_k \neq y_k$ sein müssen, also $k_1 = k_2 = k$, woraus der Widerspruch $x_k < y_k$ und $y_k < x_k$ folgt.

b) Unter den zusätzlichen Voraussetzungen ist nach a) noch die Linearität von R in P zu zeigen. Sind $x, y \in P$ und ist $x = y$, so gilt trivial xRy oder yRx. Ist $x \neq y$, so gibt es ein i mit $x_i \neq y_i$, und da τ Wohlordnung ist, existiert der kleinste Index k mit $x_k \neq y_k$. Da ϱ_k Vollordnung ist, gilt schließlich

$$x_k < y_k \vee y_k < x_k . \wedge . \forall i(i < k \rightarrow x_i = y_i),$$

also xRy oder yRx.

c) Unter den zusätzlichen Voraussetzungen ist τ eine Wohlordnung, und nach b) ist noch die Minimumbedingung für R in P zu zeigen. Wir führen Induktion über die endliche Menge I gemäß Bd. II, § 9, Abschn. 2 (im Anschluß an den dortigen Satz 5). Für jede endliche Menge I sei $\mathbf{B}(I)$ die Behauptung, daß für jede Vollordnung τ in I, jede Familie $(A_i, \varrho_i)_{i \in I}$ wohlgeordneter Mengen, für $P = \bigtimes_{i \in I} A_i$ und die Relation R in P mit

$$\begin{aligned} xRy \leftrightarrow x = y \\ \vee \exists k(k \in I \wedge x_k < y_k \wedge \forall i(i < k \rightarrow x_i = y_i)) \end{aligned}$$

jede Menge M mit $\emptyset \neq M \subseteq P$ ein erstes Element in bezug auf R besitzt. Es ist zu zeigen:

$$\mathbf{B}(\emptyset),$$

$$\forall I \, \forall j(I \textit{ endliche Menge} \wedge \mathbf{B}(I) \rightarrow \mathbf{B}(I \cup \{j\})).$$

Trivial gilt $\mathbf{B}(\emptyset)$; denn für $I = \emptyset$ ist $P = \{\emptyset\}$, $R = \{(\emptyset, \emptyset)\}$, und bei $\emptyset \neq M \subseteq P$ kann nur $M = P = \{\emptyset\}$ sein, womit dann $\emptyset$ das erste Element von M bzgl. R ist. Gelte nun $\mathbf{B}(I)$ für eine endliche Menge I und sei j ein beliebiges Objekt mit $j \notin I$ (im Falle $j \in I$ ist $I \cup \{j\} = I$, und es gilt $\mathbf{B}(I)$). Zu zeigen ist $\mathbf{B}(I')$ für $I' = I \cup \{j\}$. Sei also τ' eine Vollordnung in I', $(A_i, \varrho_i)_{i \in I'}$ eine Familie wohlgeordneter Mengen über I', $P' = \bigtimes_{i \in I'} A_i$, R' die Relation in P' mit für alle $x, y \in P'$:

$$\begin{aligned} xR'y \leftrightarrow x = y \\ \vee \exists k(k \in I' \wedge x_k < y_k \wedge \forall i(i < k \rightarrow x_i = y_i)) \end{aligned}$$

und sei $\emptyset \neq M' \subseteq P'$. Behauptet wird die Existenz des ersten Elementes von M' in bezug auf R'. Es ist $\tau = \tau' \parallel I$ eine Vollordnung in I, $(A_i, \varrho_i)_{i \in I}$ eine Familie wohlgeordneter Mengen über I, und bei $P = \bigtimes_{i \in I} A_i$ erfüllt die Relation R in P mit für alle $x, y \in P$:

$$\begin{aligned} xRy \leftrightarrow x = y \\ \vee \exists k(k \in I \wedge x_k < y_k \wedge \forall i(i < k \rightarrow x_i = y_i)) \end{aligned}$$

wegen $\mathbf{B}(I)$ die Minimumbedingung. Zu unserer Menge M' mit $\emptyset \neq M' \subseteq P'$ bilden wir die Menge M_1 der Einschränkungen $f' \mid I$ aller Funktionen $f' \in M'$ auf I. Es ist $\emptyset \neq M_1 \subseteq P$, womit M_1 bzgl. R ein kleinstes Element f_1 besitzt. z_0 sei in A_j bzgl. ϱ_j das kleinste der Elemente $z \in A_j$, für die es ein $f' \in M'$ gibt mit

$$\forall i(i \in I \wedge i < j \rightarrow f'(i) = f_1(i)) \wedge f'(j) = z_0.$$

Schließlich sei M_2 die Menge der Einschränkungen $f' \mid I$ aller derjenigen Funktionen $f' \in M'$ mit

$$\forall i(i \in I \wedge i < j \rightarrow f'(i) = f_1(i)) \wedge f'(j) = z_0.$$

Es ist $\emptyset \neq M_2 \subseteq P$, womit M_2 bzgl. R ein kleinstes Element f_2 besitzt. Dann ist die Funktion f_0' über I' mit für jedes $i \in I'$:

$$f_0'(i) = \begin{cases} f_1(i), & \text{falls } i < j \\ z_0, & \text{falls } i = j \\ f_2(i), & \text{falls } i > j \end{cases}$$

das kleinste Element von M' in bezug auf R'. Nach Konstruktion von f_0' ist zunächst $f_0' \in M'$. Ist $f' \in M'$ und $f_0' \neq f'$, so gibt es einen hinsichtlich τ' kleinsten Index $i_0 \in I'$ mit $f_0'(i_0) \neq f'(i_0)$. In allen drei Fällen $i_0 < j$, $i_0 = j$, $i_0 > j$ erhält man dann $f_0'(i_0) < f'(i_0)$ nach Konstruktion von f_1, z_0, f_2, womit also stets $f_0'R'f'$ gilt. ∎

Satz 31. *Für Familien $(A_i, \varrho_i)_{i \in I}$ geordneter Mengen mit vollgeordnetem Indexbereich (I, τ), $P = \bigtimes_{i \in I} A_i$ und die Relation R in P mit*

$$xRy \leftrightarrow x = y \vee \exists k(k \in I \wedge x_k \underset{\varrho_k}{<} y_k \wedge \forall i(k \underset{\tau}{<} i \rightarrow x_i = y_i))$$

für alle $x, y \in P$; wobei der „kritische Index“ k von x, y im Existenzfall eindeutig als

$$k = \max\{i \in I \mid x_i \neq y_i\}$$

bestimmt ist, gilt:

a) *(P, R) ist eine geordnete Menge.*

b) *Sind die ϱ_i Vollordnungen und ist τ^{-1} eine Wohlordnung, so ist (P, R) eine vollgeordnete Menge.*

c) *Sind die ϱ_i Wohlordnungen und ist I endlich, so ist (P, R) eine wohlgeordnete Menge.*

Beweis. Die Behauptungen folgen durch Dualisierung, d.h. hier Übergang von τ zu τ^{-1}, unmittelbar aus Satz 30. ∎

Auch die Sätze 30c) und 31c) erbringen keine Wohlordnung des Produktes wohlgeordneter Mengen über beliebigem wohlgeordneten Indexbereich. Man könnte sogar beweisen — falls die geordneten Mengen (A_i, ϱ_i) je mindestens zwei vergleichbare Elemente enthalten —, daß die Endlichkeit von I notwendig ist dafür, daß R eine Wohlordnung in P wird. Man erhält aber schließlich den

Satz 32. *$(A_i, \varrho_i)_{i \in I}$ sei eine Familie wohlgeordneter Mengen mit vollgeordnetem Indexbereich (I, τ):*

a) *Ist τ eine Wohlordnung, so ist für die Menge*

$$P = \left\{x \in \bigtimes_{i \in I} A_i \,\middle|\, \{i \in I \mid x_i \neq \min A_i\} \text{ ist endlich}\right\}$$

die Relation R in P mit für alle $x, y \in P$:

$$xRy \leftrightarrow x = y \vee \exists k(k \in I \wedge x_k \underset{\varrho_k}{<} y_k \wedge \forall i(k \underset{\tau}{<} i \to x_i = y_i))$$

eine Wohlordnung in P.

b) *Ist τ^{-1} eine Wohlordnung, so ist für die Menge*

$$P = \left\{x \in \bigtimes_{i \in I} A_i \,\middle|\, \{i \in I \mid x_i \neq \max A_i\} \text{ ist endlich}\right\}$$

die Relation R in P mit für alle $x, y \in P$:

$$xRy \leftrightarrow x = y \vee \exists k(k \in I \wedge x_k \underset{\varrho_k}{<} y_k \wedge \forall i(i \underset{\tau}{<} k \to x_i = y_i))$$

eine Wohlordnung in P.

Beweis. b) folgt durch Übergang von τ zu τ^{-1} aus a). Nun zu a). Unter den Voraussetzungen ist (P, R) nach Satz 31a) eine geordnete Menge. R ist auch eine Vollordnung in P. Denn sind $x, y \in P$ und $x \neq y$, so gibt es ein i mit $x_i \neq y_i$, und wegen der Endlichkeit der Menge der i mit $x_i \neq y_i$ (nach Definition von P) existiert der größte Index k mit $x_k \neq y_k$, für den schließlich

$$x_k < y_k \vee y_k < x_k \,.\wedge.\, \forall i(k < i \to x_i = y_i)$$

gilt, also xRy oder yRx.

Für die Minimumbedingung von R zeigen wir nach Satz 16b), daß es keine echt fallende Folge in P bzgl. R gibt. Zu jeder solchen echt fallenden Folge $(x(n))_{n<\infty}$ existiert der kleinste Index $\varkappa$ mit

$$x(n)_i = x(m)_i$$

für alle $n, m \geqq 0$ und alle $i \in I$ mit $\varkappa < i$; denn wegen $x(1) < x(0)$ gibt es einen Index j mit $x(0)_j \neq \min A_j$, und für den größten derartigen Index j gilt dann

$$x(n)_i = x(m)_i = \min A_i$$

für alle $n, m \geqq 0$ und alle $i \in I$ mit $j < i$. Für unsere festen x und $\varkappa$ ist die Menge

$$B = \{x(n)_\varkappa\}_{n<\infty}$$

endlich. Denn andernfalls erhält man rekursiv eine Teilfolge $(z(n))_{n<\infty}$ von $(x(n))_{n<\infty}$ mit

$$z(n)_\varkappa \neq z(m)_\varkappa \quad \text{für alle} \quad n, m \geqq 0 \quad \text{mit} \quad n \neq m;$$

mit x fällt z echt in P bzgl. R, so daß auch die Folge

$$(z(n)_\varkappa)_{n<\infty}$$

in $A_\varkappa$ bzgl. $\varrho_\varkappa$ echt fällt im Widerspruch zu Satz 16b). Aus der Endlichkeit von B folgt die Existenz eines $b \in B$ mit

$$x(n)_\varkappa = b \text{ für unendlich viele } n,$$

wegen $B \subseteq A_\varkappa$ gibt es somit in $A_\varkappa$ bzgl. $\varrho_\varkappa$ das kleinste Element a mit

$$x(n)_\varkappa = a \text{ für unendlich viele } n.$$

Ist N die Menge der ν mit $x(\nu)_\varkappa = a$ und $(\nu_n)_{n<\infty}$ die (nach Satz 18, Bd. II, § 7) eindeutig existierende echt wachsende Abzählung von N, so ist

$$(y(n))_{n<\infty} = (x(\nu_n))_{n<\infty}$$

eine Teilfolge von x, die damit wieder echt fällt. Für den existierenden kleinsten Index λ mit

$$y(n)_i = y(m)_i$$

für alle $n, m \geqq 0$ und alle $i \in I$ mit $\lambda < i$ ist jetzt $\lambda < \varkappa$; denn wegen $y(1) < y(0)$ gibt es einen Index $j < \varkappa$ mit $y(0)_j \neq \min A_j$, und für den größten derartigen Index $j < \varkappa$ gilt dann

$$y(n)_i = y(m)_i = \min A_i$$

für alle $n, m \geqq 0$ und alle $i \in I$ mit $j < i < \varkappa$ und damit

$$y(n)_i = y(m)_i$$

für alle $n, m \geqq 0$ und alle $i \in I$ mit $j < i$.

Sei nun F die 2-stellige Funktion, die jeder echt fallenden Folge x in P bzgl. R mit dem oben ausgezeichneten Index $\varkappa$ die eben konstruierte echt fallende Folge y mit ihrem ausgezeichneten Index λ zuordnet, also

$$F(x, \varkappa) = (y, \lambda).$$

Für eine fest vorgegebene echt fallende Folge x_0 in P bzgl. R mit zugehörigem ausgezeichneten Index $\varkappa_0$ existiert dann (nach Satz 12, Bd. II, § 7) die rekursiv definierte Funktion

$$f(0) = (x_0, \varkappa_0), \qquad f(n+1) = F(f(n))$$

über $\boldsymbol{N}$. Ist dabei

$$f(n) = (x, \varkappa), \qquad f(n+1) = (y, \lambda)$$

für ein n, so ist $\lambda < \varkappa$ innerhalb I bzgl. τ. Die Folge $(i_n)_{n<\infty}$ in I mit

$$i_n = \iota\varkappa\, \exists x((x, \varkappa) = f(n)),$$

also die Folge der zweiten Elemente der Paare $f(n)$, ist somit echt fallend im Widerspruch zu Satz 16b). Damit kann es in P bzgl. R keine echt fallende Folge x_0 geben. ∎

Die Sätze 30c) und 31c) sind Spezialfälle von Satz 32, und man erkennt, daß von allen Sätzen nur Satz 32a) ein wohlgeordnetes Produkt beliebiger Familien wohlgeordneter Mengen über wohlgeordnetem Indexbereich liefert. Die Sätze 30, 31, 32 gelten speziell für zwei geordnete Mengen (A, ϱ), (B, σ) (unter Zugrundelegung von $A \times B$); es ist dann

$$P = A \times B, \qquad R \subseteq P \times P$$

und

$$(a, b)R(a', b') \leftrightarrow a = a' \wedge b \underset{\sigma}{\leqq} b' \,.\vee.\, a \underset{\varrho}{<} a'$$

(*lexikographisch*)

bzw.

$$(a, b)R(a', b') \leftrightarrow b = b' \wedge a \underset{\varrho}{\leqq} a' \,.\vee.\, b \underset{\sigma}{<} b'$$

(*antilexikographisch*)

für alle $a, a' \in A$ und alle $b, b' \in B$.

Die geordneten Mengen (P, R) der Sätze 30 bzw. 31 nennt man auch die *lexikographisch* bzw. *antilexikographisch geordneten Produkte* der betreffenden Familien $(A_i, \varrho_i)_{i \in I}$ bzgl. τ und R die *lexikographische* bzw. *antilexikographische Produktordnung* von $(\varrho_i)_{i \in I}$ bzgl. τ oder die *lexikographische* bzw. *antilexikographische Ordnung* in P bzgl. $(A_i, \varrho_i)_{i \in I}$, τ. Bei Satz 32a) bzw. 32b) spricht man vom *antilexikographisch* bzw. *lexikographisch wohlgeordneten Produkt*, der *antilexikographischen* bzw. *lexikographischen Produktwohlordnung* und der *antilexikographischen* bzw. *lexikographischen Wohlordnung*. Für „lexikographisch" bzw. „antilexikographisch" sagt man in allen Fällen auch *nach ersten* bzw. *nach zweiten Differenzstellen* (*gebildet*).

Man könnte (P, R) und R der Sätze 29 bzw. 30, 31, 32 (bei entsprechendem Auseinanderhalten) bezeichnen durch:

$$\overline{\mathsf{X}}_{i \in I} (A_i, \varrho_i) \quad \text{und} \quad \overline{\mathsf{X}}_{i \in I} \varrho_i$$

bzw.

$$\overline{\mathsf{X}}_{i \in (I, \tau)} (A_i, \varrho_i) \quad \text{und} \quad \overline{\mathsf{X}}_{i \in (I, \tau)} \varrho_i;$$

bei zwei geordneten Mengen (A, ϱ), (B, σ) (unter Zugrundelegung von $A \times B$) auch:

$$(A, \varrho) \overline{\times} (B, \sigma) \quad \text{und} \quad \varrho \overline{\times} \sigma .$$

Wie wir in Bd. II, § 7, Abschn. 7 gesehen haben, ermöglichen Kreuzprodukte endlicher Mengen A und B eine repräsentantenweise Definition des Produktes zweier natürlicher Zahlen. Dieselbe wichtige Rolle werden später ganz allgemein Produkte von Mengenfamilien für die Definition des Produktes von Kardinalzahlfamilien spielen und antilexikographisch wohlgeordnete Produkte für die Definition des Produktes von Ordinalzahlfamilien. Damit ist der Name „Produkt" gerechtfertigt, und man bezeichnet diese Produkte $\bigtimes_{i \in I} A_i$ von Mengenfamilien bzw. diese (P, R) und R von Satz 32a) gelegentlich durch:

$$\prod_{i \in I} A_i$$

bzw.

$$\prod_{i \in (I, \tau)} (A_i, \varrho_i) \quad \text{und} \quad \prod_{i \in (I, \tau)} \varrho_i ;$$

bei zwei Faktoren A, B bzw. (A, ϱ), (B, σ) (unter Zugrundelegung von $A \times B$) auch:

$$A \cdot B$$

bzw.

$$(A, \varrho) \cdot (B, \sigma) \quad \text{und} \quad \varrho \cdot \sigma .$$

10. Projektionen. Der Vollständigkeit halber soll abschließend noch der in der Mathematik (z. B. in der Topologie) häufig auftretende Projektionsbegriff für Produkte von Mengenfamilien eingeführt werden. Unsere Überlegungen zur Produktbildung wohlgeordneter Mengen hätten auch in der Sprache dieses Begriffes durchgeführt werden können, doch war er entbehrlich, da man bei der Familienschreibweise (Termschreibweise) $(x_i)_{i \in I}$ für die Elemente eines Produktes $\bigtimes_{i \in I} A_i$ nicht noch eine besondere Bezeichnung der einzelnen Koordinaten x_i von x benötigt und nur dieser Aspekt des Projektionsbegriffes Verwendung gefunden hätte.

Definition 6. $(A_i)_{i\in I}$ sei eine Mengenfamilie: Die Mengen A_j (für beliebiges $j \in I$) heißen die *Komponenten* (oder *Faktoren*) von $\bigtimes_{i\in I} A_i$; speziell ist A_j (für ein festes $j \in I$) die *j-te Komponente* (oder der *j-te Faktor*) von $\bigtimes_{i\in I} A_i$. Für jedes $j \in I$ heißt die Funktion P von $\bigtimes_{i\in I} A_i$ in A_j mit

$$P\big((x_i)_{i\in I}\big) = x_j$$

für jedes $x \in \bigtimes_{i\in I} A_i$ die *j-te Projektion(sfunktion)* von $\bigtimes_{i\in I} A_i$, bezeichnet mit: ${}^A\mathrm{pr}_j$ (gelesen: *j-te Projektion bzgl. A*). Für jedes $j \in I$, $x \in \bigtimes_{i\in I} A_i$ und $X \subseteq \bigtimes_{i\in I} A_i$ nennt man

$${}^A\mathrm{pr}_j(x) \quad \text{bzw.} \quad {}^A\mathrm{pr}_j\langle X\rangle$$

auch die *j-te Projektion* von x bzw. von X innerhalb $\bigtimes_{i\in I} A_i$; es sei abkürzend

$${}^A\mathrm{pr}_j x = {}^A\mathrm{pr}_j(x), \qquad {}^A\mathrm{pr}_j X = {}^A\mathrm{pr}_j\langle X\rangle. \ \blacksquare$$

Der obere Index A an pr in Definition 6 wird natürlich fortgelassen, wenn Mißverständnisse ausgeschlossen sind; man schreibt einfach pr_j. A_j nennt man auch noch die *j-te Koordinatenmenge*, pr_j die *j-te Koordinatenfunktion* und $\mathrm{pr}_j x$ bzw. $\mathrm{pr}_j X$ die *j-te Koordinate* von x bzw. *j-te Koordinatenmenge* von X. Alle Begriffe sind der Geometrie des n-dimensionalen Zahlenraumes $\boldsymbol{R}^n$ (vgl. Bd. II, § 10, Abschn. 3) nachgebildet, indem man diese Begriffe erst von $\boldsymbol{R}^n$ auf das Familienprodukt $\bigtimes_{1\leqq i\leqq n} \boldsymbol{R}$ überträgt und schließlich auf beliebige Produkte $\bigtimes_{i\in I} A_i$ verallgemeinert.

11. Zusammenfassung der Begriffe. Für Relationen R und Mengen A, $\mathfrak{A}$ gilt:

R erfüllt die reflexive Minimumbedingung in A $\leftrightarrow$

$\forall M(\emptyset \neq M \subseteq A \to \exists m(m \in M \wedge \forall x(x \in M \to mRx)))$,

R erfüllt die irreflexive Minimumbedingung in A $\leftrightarrow$

$$\forall M(\emptyset \neq M \subseteq A \to \exists m(m \in M \wedge \forall x(x \in M \to mRx \vee m = x))),$$

R Wohlordnung in A $\leftrightarrow$ *R Vollordnung in A* $\wedge$ *R erfüllt die reflexive Minimumbedingung in A*,

R irreflexive Wohlordnung in A $\leftrightarrow$ *R irreflexive Vollordnung in* $A \wedge R$ *erfüllt die irreflexive Minimumbedingung in A*,

$\mathfrak{A}$ *wohlgeordnete Menge* $\leftrightarrow$

$$\exists X \exists S(S \text{ Wohlordnung in } X \wedge \mathfrak{A} = (X, S)),$$

R Doppeltwohlordnung in A $\leftrightarrow R, R^{-1}$ *Wohlordnung in A*,

$\mathfrak{A}$ *doppeltwohlgeordnete Menge* $\leftrightarrow$

$$\exists X \exists S(S \text{ Doppeltwohlordnung in } A \wedge \mathfrak{A} = (X, S))\cdot$$

Für Folgen $(a_n)_{n<\infty}$, Mengenfamilien $(A_i)_{i \in I}$ und Indizes $j \in I$ gilt:

$(a_n)_{n<\infty}$ *stationär* $\leftrightarrow$

$$\exists m(m \in \boldsymbol{N} \wedge \forall n(n \in \boldsymbol{N} \wedge m \leqq n \to a_m = a_n)),$$

$$^{A}\mathrm{pr}_j = \left\{(x, x_j) \,\middle|\, x \in \bigtimes_{i \in I} A_i\right\}.$$

§ 5. Transfinite Induktion

1. Beweise durch transfinite Induktion. Wir hatten in Bd. II, § 7 für die spezielle wohlgeordnete Menge $(\boldsymbol{N}, \leqq)$ der natürlichen Zahlen induktive Beweis- und Definitionsverfahren kennengelernt. Diese Verfahren führen in Verallgemeinerung auf beliebige wohlgeordnete Mengen $(A, \leqq)$ zu den fundamentalen *Beweis-* und *Definitionsprinzipien der transfiniten Induktion*. Bei allen Bezeichnungsweisen dieses Paragraphen kann der Zusatz „transfinit" entfallen, sofern die jeweils zugrunde gelegte wohlgeordnete Menge $(A, \leqq)$ keine Limeselemente enthält.

(Gelegentlich sagt man in diesem Falle auch „finit" statt „transfinit".) Wir beginnen mit den Beweisen durch transfinite Induktion.

Satz 1 (Rechtfertigungssatz für Beweise durch transfinite ordnungstheoretische Induktion). *Für wohlgeordnete Mengen* $(A, \leqq)$ *und Teilmengen* $M \subseteq A$ *gilt:*

$$\forall a(a \in A \wedge \mathrm{Ab}\, a \subseteq M \to a \in M) \to M = A.$$

Beweis. Gäbe es unter den Voraussetzungen des Satzes und der Prämisse

$$\forall a(a \in A \wedge \mathrm{Ab}\, a \subseteq M \to a \in M)$$

ein $x \in A$ mit $x \notin M$, so sei a das kleinste derartige x von A. Es wäre dann $\mathrm{Ab}\, a \subseteq M$, also $a \in M$ nach obiger Prämisse im Widerspruch zur Konstruktion von a. Damit ist $A \subseteq M$. ∎

Satz 1 erlaubt *Beweise durch transfinite ordnungstheoretische Induktion*: Ist $\mathbf{B}(a)$ eine (natürlich mengentheoretisch formulierbare) Behauptung über die Elemente a einer fest vorgegebenen wohlgeordneten Menge $(A, \leqq)$, so braucht man als Nachweis dafür, daß $\mathbf{B}(a)$ auf alle $a \in A$ zutrifft, von der Menge

$$M = \{a \in A \mid \mathbf{B}(a)\}$$

nach Satz 1 nur

$$\forall a(a \in A \wedge \mathrm{Ab}\, a \subseteq M \to a \in M)$$

zu zeigen, also

$$\forall a(a \in A \wedge \forall x(x \in A \wedge x < a \to \mathbf{B}(x)) \to \mathbf{B}(a));$$

d. h. trifft die Behauptung auf alle $x \in A$ zu, die kleiner als ein vorgegebenes $a \in A$ sind, so muß sie auch auf das Element a zutreffen. Der Nachweis von

$$\forall x(x \in A \wedge x < a \to \mathbf{B}(x)) \to \mathbf{B}(a)$$

für beliebig vorgegebenes $a \in A$ heißt der *Induktionsschritt* oder *Induktionsschluß*, wobei die Voraussetzung

$$\forall x(x \in A \wedge x < a \rightarrow \mathbf{B}(x))$$

die *Induktionsvoraussetzung* und die Behauptung $\mathbf{B}(a)$ die *Induktionsbehauptung* ist.

Satz 1 erlaubt *Beweise durch Induktion* für Behauptungen über alle wohlgeordneten Mengen: Soll für alle wohlgeordneten Mengen $\mathfrak{A}$ eine (mengentheoretisch formulierbare) Behauptung $\mathbf{B}(\mathfrak{A})$ bewiesen werden, so braucht man als Nachweis dafür, daß $\mathbf{B}(\mathfrak{A})$ auf alle wohlgeordneten Mengen $\mathfrak{A}$ zutrifft, nur für jede wohlgeordnete Menge $(A, \leqq)$ zu zeigen, wobei $\mathbf{B}(A, \leqq) = \mathbf{B}((A, \leqq))$ sei:

$$\forall a(a \in A \rightarrow \mathbf{B}(\mathrm{Ab}\, a, \leqq \| \mathrm{Ab}\, a)) \rightarrow \mathbf{B}(A, \leqq);$$

denn ist dann $(A, \leqq)$ eine beliebige wohlgeordnete Menge und M die Menge aller $a \in A$ mit $\mathbf{B}(\mathrm{Ab}\, a, \leqq \| \mathrm{Ab}\, a)$, so gilt sofort

$$\forall a(a \in A \wedge \mathrm{Ab}\, a \subseteq M \rightarrow a \in M),$$

womit $M = A$ ist, also $\mathbf{B}(\mathrm{A}, \leqq)$ gilt.

2. Spezielle Formulierungen. Berücksichtigt man die Einteilung der Elemente einer wohlgeordneten Menge in erstes Element, die Nachfolger und die Limeselemente, so erhält man weitere Formulierungsmöglichkeiten für Satz 1.

Satz 2 (Rechtfertigungssatz für Beweise durch transfinite vollständige Induktion). *Für wohlgeordnete Mengen* $(A, \leqq)$, $o = \min A$, *die Menge* L *der Limeselemente von* A *und Teilmengen* $M \subseteq A$ *gilt:*

$$o \in M \wedge L \subseteq M \wedge$$
$$\forall a(a \in M \wedge a \neq \max A \rightarrow a' \in M) \rightarrow M = A.$$

Beweis. Unter den Voraussetzungen gilt

$$\forall a(a \in A \wedge \mathrm{Ab}\, a \subseteq M \to a \in M),$$

woraus $M = A$ nach Satz 1 folgt. ∎

Satz 2 erlaubt *Beweise durch transfinite vollständige Induktion*: Damit eine (mengentheoretisch formulierbare) Behauptung $\mathbf{B}(a)$ über die Elemente a einer wohlgeordneten Menge $(A, \leqq)$ für alle $a \in A$ gilt, braucht man nur zu zeigen, daß $\mathbf{B}$ auf das erste Element o und alle Limeselemente zutrifft und daß $\mathbf{B}$ auf den Nachfolger a' zutrifft, sofern es auf a zutrifft und $a \neq \max A$ ist. Der Nachweis von

$$\mathbf{B}(o) \wedge \forall a\ (a \textit{ Limeselement von } A \to \mathbf{B}(a))$$

heißt *Anfangsschritt* der Induktion oder *Induktionsanfang*, der Nachweis von

$$\mathbf{B}(a) \to \mathbf{B}(a')$$

für beliebig vorgegebenes $a \in A$ mit $a \neq \max A$ heißt *Induktionsschritt* oder *Induktionsschluß*, wobei die Voraussetzung $\mathbf{B}(a)$ die *Induktionsvoraussetzung* und die Behauptung $\mathbf{B}(a')$ die *Induktionsbehauptung* ist.

Satz 3 (Rechtfertigungssatz für Beweise durch transfinite gemischte Induktion). *Für wohlgeordnete Mengen $(A, \leqq)$, $o = \min A$, die Menge L der Limeselemente von A und Teilmengen $M \subseteq A$ gilt:*

$$o \in M \wedge \forall a(a \in M \wedge a \neq \max A \to a' \in M) \wedge$$
$$\forall a(a \in L \wedge \mathrm{Ab}\, a \subseteq M \to a \in M) \to M = A$$

(wobei Abschnitte in bezug auf $(A, \leqq)$ zu verstehen sind).

Beweis. Unter den Voraussetzungen gilt

$$\forall a(a \in A \wedge \mathrm{Ab}\, a \subseteq M \to a \in M),$$

woraus $M = A$ nach Satz 1 folgt. ∎

Satz 3 erlaubt *Beweise durch transfinite gemischte Induktion*: Damit eine (mengentheoretisch formulierbare) Behauptung $\mathbf{B}(a)$ über die Elemente a einer wohlgeordneten Menge $(A, \leqq)$ für alle $a \in A$ gilt, braucht man nur zu zeigen, daß **B** auf das erste Element o zutrifft, daß **B** auf den Nachfolger a' zutrifft, sofern es auf a zutrifft und $a \neq \max A$ ist, und daß **B** auf ein Limeselement a zutrifft, sofern es auf alle Elemente x vor a zutrifft. Man spricht wieder vom *Anfangsschritt* der Induktion oder *Induktionsanfang* (Nachweis von $\mathbf{B}(o)$) und zwei *Induktionsschritten* oder *Induktionsschlüssen* mit je einer zugehörigen *Induktionsvoraussetzung* und *Induktionsbehauptung*, der zweite Induktionsschritt auch *Limesschritt* oder *Limesschluß* genannt.

Alle drei Beweisverfahren der transfiniten ordnungstheoretischen, vollständigen und gemischten Induktion für Behauptungen $\mathbf{B}(a)$ bleiben auch bestehen, wenn man es mit einer nicht mehr als mengentheoretisches Objekt existierenden Wohlordnung $\leqq$ in einem gewissen Objektebereich zu tun hat (wie $\subseteq$ im Bereich der Allmengen oder später $\leqq$ im Bereich der Kardinal- bzw. Ordinalzahlen), sofern nur die Abschnitte als Mengen existieren. Man wende einfach die Sätze 1, 2, 3 für jedes Objekt a des betreffenden Objektebereiches auf den Abschnitt von a an, d. h. auf die Menge A aller Objekte x mit $x < a$.

3. Definitionen durch transfinite Induktion. Den drei behandelten Beweisverfahren der transfiniten Induktion, den *transfiniten Induktionsprinzipien* — *Beweise durch transfinite ordnungstheoretische, vollständige* und *gemischte Induktion* —, stehen gegenüber die drei Definitionsverfahren der transfiniten Induktion, auch die *transfiniten Rekursionsprinzipien* genannt — *Definitionen durch transfinite ordnungstheoretische, vollständige* und *gemischte Induktion* bzw. *Rekursion.* Die zugehörigen Rechtfertigungssätze für Beweise bzw. Definitionen durch transfinite Induktion heißen die *transfiniten Induktions-* bzw. *Rekursionssätze.* Im Vordergrund steht auch bei den Definitionen wieder der ordnungstheoretische Aspekt.

Satz 4 (Rechtfertigungssatz für Definitionen durch transfinite ordnungstheoretische Induktion (Rekursion)). *Für wohlgeordnete Mengen* $(A, \leqq)$, *Mengen* B, *die Menge*

$$G = \{g \mid \exists x(x \in A \wedge g \textit{ Funktion von } \mathrm{Ab}\, x \textit{ in } B)\} = \bigcup_{x \in A} B^{\mathrm{Ab}\, x}$$

und Funktionen T *von* G *in* B *gibt es genau eine Funktion* F *von* A *in* B *mit für beliebige* $a \in A$:

$$F(a) = T(F \mid \mathrm{Ab}\, a).$$

Beweis. Der Beweis erfolgt wie bei Satz 13, Bd. II, § 7. Unter den Voraussetzungen unseres Satzes besteht zunächst

Eindeutigkeit. Es gibt höchstens eine derartige Funktion F; denn sind F_1, F_2 solche Funktionen und gilt für ein Element $a \in A$:

$$\forall x(x < a \rightarrow F_1(x) = F_2(x)),$$

so gilt auch:

$$F_1(a) = T(F_1 \mid \mathrm{Ab}\, a) = T(F_2 \mid \mathrm{Ab}\, a) = F_2(a),$$

womit durch transfinite ordnungstheoretische Induktion (Satz 1) $F_1(a) = F_2(a)$ für alle $a \in A$ bewiesen ist, also $F_1 = F_2$.

Existenz. Wir zeigen, daß es für jeden Abschnitt Ab a eine gewünschte (nur auf Ab a definierte) Funktion f gibt mit also

$$f(x) = T(f \mid \mathrm{Ab}\, x)$$

für alle Elemente $x < a$ und setzen diese Abschnittsfunktionen f zu einer gewünschten Funktion F zusammen.

Hilfssatz 1. Für jedes $a \in A$ *gibt es genau eine Funktion* f *von* Ab a *in* B *mit für beliebige* $x < a$:

$$f(x) = T(f \mid \mathrm{Ab}\, x).$$

Beweis. Es gibt zunächst für jedes $a \in A$ höchstens eine derartige Funktion f; denn sind f_1, f_2 solche Funktionen in bezug auf a und gilt für ein $b < a$:

$$\forall x(x < b \to f_1(x) = f_2(x)),$$

so gilt auch:

$$f_1(b) = T(f_1 \mid \mathrm{Ab}\, b) = T(f_2 \mid \mathrm{Ab}\, b) = f_2(b),$$

womit durch transfinite ordnungstheoretische Induktion, angewandt auf den wohlgeordneten Abschnitt $(\mathrm{Ab}\, a, \leqq \| \mathrm{Ab}\, a)$, $f_1(x) = f_2(x)$ für alle $x < a$ bewiesen ist, also $f_1 = f_2$. Nun zur Existenz einer gewünschten Funktion f mittels transfiniter ordnungstheoretischer Induktion über a. Für ein festes Element $a \in A$ möge für jedes $x < a$ eine — nach dem eben Bewiesenen eindeutig bestimmte — Funktion $\langle x \rangle$ von $\mathrm{Ab}\, x$ in B existieren mit für beliebige $y < x$:

$$\langle x \rangle(y) = T(\langle x \rangle \mid \mathrm{Ab}\, y).$$

Dann ist die Funktion f über $\mathrm{Ab}\, a$ mit für jedes $x < a$:

$$f(x) = T(\langle x \rangle)$$

eine Funktion von $\mathrm{Ab}\, a$ in B mit für beliebige $x < a$:

$$f(x) = T(f \mid \mathrm{Ab}\, x).$$

Hierzu ist noch für jedes $x < a$ zu zeigen:

$$\langle x \rangle = f \mid \mathrm{Ab}\, x.$$

Sind aber $x, y \in A$ mit $y < x < a$, so folgt zunächst

$$\langle y \rangle = \langle x \rangle \mid \mathrm{Ab}\, y$$

aus der eindeutigen Bestimmtheit von $\langle y \rangle$ und der Tatsache, daß auch $g = \langle x \rangle \mid \mathrm{Ab}\, y$ eine Funktion von $\mathrm{Ab}\, y$ in B ist mit für beliebige $z < y$:

$$\begin{aligned} g(z) &= (\langle x \rangle \mid \mathrm{Ab}\, y)\,(z) = \langle x \rangle\,(z) = T(\langle x \rangle \mid \mathrm{Ab}\, z) \\ &= T\big((\langle x \rangle \mid \mathrm{Ab}\, y) \mid \mathrm{Ab}\, z\big) = T(g \mid \mathrm{Ab}\, z). \end{aligned}$$

Damit gilt dann

$$\langle x\rangle (y) = T(\langle x\rangle \mid \mathrm{Ab}\, y) = T(\langle y\rangle) = f(y) = (f \mid \mathrm{Ab}\, x)\,(y),$$

also schließlich

$$\langle x\rangle = f \mid \mathrm{Ab}\, x\,.$$

Hilfssatz 2. Es gibt eine Funktion F von A in B mit für beliebige $a \in A$:

$$F(a) = T(F \mid \mathrm{Ab}\, a)\,.$$

Beweis. Nach Hilfssatz 1 existiert für jedes $a \in A$ die Funktion $\langle a\rangle$ von Ab a in B mit für beliebige $x < a$:

$$\langle a\rangle(x) = T(\langle a\rangle \mid \mathrm{Ab}\, x)\,.$$

Man definiere nun die Funktion F über A durch die Festsetzung: Für jedes $a \in A$ sei

$$F(a) = T(\langle a\rangle)\,.$$

Dann ist F eine Funktion von A in B mit für beliebige $a \in A$:

$$F(a) = T(F \mid \mathrm{Ab}\, a)\,.$$

Hierzu ist für jedes $a \in A$ zu zeigen:

$$\langle a\rangle = F \mid \mathrm{Ab}\, a\,.$$

Man hat aber (vgl. den Beweis zu Hilfssatz 1)

$$\langle x\rangle = \langle a\rangle \mid \mathrm{Ab}\, x$$

für alle $x < a$, woraus sofort

$$\langle a\rangle(x) = T(\langle a\rangle \mid \mathrm{Ab}\, x) = T(\langle x\rangle) = F(x) = (F \mid \mathrm{Ab}\ \mathrm{a})(x)$$

folgt, also schließlich

$$\langle a\rangle = F \mid \mathrm{Ab}\, a. \ \blacksquare$$

Satz 4 erlaubt *Definitionen durch transfinite ordnungstheoretische Induktion* (*Rekursion*): Existenz und eindeutige Bestimmtheit einer Funktion F über einer wohlgeordneten Menge $(A, \leqq)$ sind dadurch gewährleistet, daß man eine Vorschrift T angibt, welche für jedes Element $a \in A$ gestattet, aus der Kenntnis der Werte $F(x)$ für alle Elemente $x < a$ — d. h. aus der Kenntnis der auf den Abschnitt $\mathrm{Ab}\, a$ eingeschränkten Funktion F — den Wert $F(a)$ zu bestimmen. Die Gleichung

$$F(a) = T(F \mid \mathrm{Ab}\, a)$$

in Satz 4 heißt die *Rekursionsgleichung* der durch sie *rekursiv definierten* Funktion F, und die Abbildung T heißt die *Rekursionsvorschrift* für F.

4. Spezielle Formulierungen. Wie für Satz 1 erhält man weitere Formulierungsmöglichkeiten für Satz 4.

Satz 5 (Rechtfertigungssatz für Definitionen durch transfinite vollständige Induktion (Rekursion)): *Für wohlgeordnete Mengen $(A, \leqq)$, Mengen B, $o = \min A$, die Menge L der Limeselemente von A, die Menge A' aller nichtletzten Elemente von A, Elemente $b \in B$, Funktionen S von L in B und Funktionen T von $A' \times B$ in B gibt es genau eine Funktion F von A in B mit für beliebige $a \in A$:*

$$F(o) = b,$$
$$a \in L \to F(a) = S(a),$$
$$a \neq \max A \to F(a') = T(a, F(a)).$$

Beweis. Unter den Voraussetzungen gibt es zunächst höchstens eine derartige Funktion F; denn wären F_1, F_2 solche Funktionen mit $F_1 \neq F_2$, so gäbe es ein kleinstes $a \in A$ mit $F_1(a) \neq F_2(a)$ im Widerspruch zu den für F_1, F_2 geltenden Bedingungen (Fallunterscheidung für a: $a = o$, $a \in L$, a besitzt einen Vorgänger). Die Existenz einer gewünschten Funktion F beweisen wir mit Satz 4. Es sei G die Menge aller Funktionen g, die auf den Abschnitten von A definiert sind mit Werten aus B, und T^* sei die eindeutige

Abbildung von G in B mit für jedes $g \in G$ bei $\mathrm{D}(g) = \mathrm{Ab}\, a$:

$$T^*(g) = \begin{cases} b, & \text{falls} \quad a = o \\ S(a), & \text{falls} \quad a \in L \\ T(x, g(x)), & \text{falls} \quad a = x'. \end{cases}$$

Dann gibt es nach Satz 4 eine Funktion F von A in B mit für alle $a \in A$:

$$F(a) = T^*(F \mid \mathrm{Ab}\, a),$$

also mit:

$$F(o) = T^*(F \mid \mathrm{Ab}\, o) = b,$$

$$a \in L \rightarrow F(a) = T^*(F \mid \mathrm{Ab}\, a) = S(a),$$

$$a \neq \max A \rightarrow F(a') = T^*(F \mid \mathrm{Ab}\, a') = T(a, (F \mid \mathrm{Ab}\, a')(a)) = T(a, F(a)). \blacksquare$$

Satz 5 erlaubt *Definitionen durch transfinite vollständige Induktion (Rekursion)*: Existenz und eindeutige Bestimmtheit einer Funktion F über einer wohlgeordneten Menge $(A, \leqq)$ sind dadurch gewährleistet, daß man die Werte $F(a)$ für das erste Element $a = o$ und alle Limeselemente $a \in L$ vorgibt und noch eine Vorschrift T angibt, welche für jedes Element $a \in A$ mit $a \neq \max A$ gestattet, aus der Kenntnis von a und des Wertes $F(a)$ den Wert $F(a')$ zu bestimmen. Die Gleichungen

$$F(o) = b, \qquad F(a) = S(a), \qquad F(a') = T(a, F(a))$$

in Satz 5 heißen die *Rekursionsgleichungen* der durch sie *rekursiv definierten* Funktion F, die Abbildung T heißt die *Rekursionsvorschrift* für F, und die Werte b und $S(a)$ (für beliebiges $a \in L$) bilden den *Rekursionsanfang*.

Satz 6 (Rechtfertigungssatz für Definitionen durch transfinite gemischte Induktion (Rekursion)). *Für wohlgeordnete Mengen $(A, \leqq)$, Mengen B, $o = \min A$, die Menge L der Limeselemente von A, die Menge A' aller nichtletzten Elemente von A, die Menge*

$$G = \{g \mid \exists x(x \in L \wedge g \textit{ Funktion von } \mathrm{Ab}\, x \textit{ in } B)\} = \bigcup_{x \in L} B^{\mathrm{Ab}\, x}$$

(wobei Abschnitte in bezug auf $(A, \leqq)$ zu verstehen sind), *Elemente* $b \in B$, *Funktionen* T_1 von $A' \times B$ *in* B *und Funktionen* T_2 *von* G *in* B *gibt es genau eine Funktion* F *von* A *in* B *mit für beliebige* $a \in A$:

$$F(o) = b,$$
$$a \neq \max A \rightarrow F(a') = T_1(a, F(a)),$$
$$a \in L \rightarrow F(a) = T_2(F \mid \mathrm{Ab}\, a).$$

Beweis. Unter den Voraussetzungen gibt es zunächst wieder höchstens eine derartige Funktion F. Zur Existenz einer gewünschten Funktion F sei G^* die Menge aller Funktionen g, die auf den Abschnitten von A definiert sind mit Werten aus B, und T^* die eindeutige Abbildung von G^* in B mit für jedes $g \in G^*$ bei $\mathrm{D}(g) = \mathrm{Ab}\, a$:

$$T^*(g) = \begin{cases} b, & \text{falls} \quad a = o \\ T_1(x, g(x)), & \text{falls} \quad a = x' \\ T_2(g), & \text{falls} \quad a \in L. \end{cases}$$

Dann gibt es nach Satz 4 eine Funktion F von A in B mit für alle $a \in A$:

$$F(o) = T^*(F \mid \mathrm{Ab}\, o) = b,$$
$$\begin{aligned} a \neq \max A \rightarrow F(a') &= T^*(F \mid \mathrm{Ab}\, a') \\ &= T_1(a, (F \mid \mathrm{Ab}\, a')\,(a)) \\ &= T_1(a, F(a)), \end{aligned}$$
$$a \in L \rightarrow F(a) = T^*(F \mid \mathrm{Ab}\, a) = T_2(F \mid \mathrm{Ab}\, a). \blacksquare$$

Satz 6 erlaubt *Definitionen durch transfinite gemischte Induktion* (*Rekursion*): Existenz und eindeutige Bestimmtheit einer Funktion F über einer wohlgeordneten Menge $(A, \leqq)$ sind dadurch gewährleistet, daß man den Wert $F(o)$ für das erste Element o vorgibt, eine Vorschrift T_1 angibt, welche für jedes Element $a \in A$ mit $a \neq \max A$ gestattet, aus der Kenntnis von a und des Wertes $F(a)$ den Wert $F(a')$ zu bestimmen, und eine Vorschrift T_2 angibt, welche für jedes Limeselement $a \in L$ gestattet, aus der Kenntnis der Werte $F(x)$ für alle Elemente $x < a$ den Wert $F(a)$ zu bestimmen. Man spricht in Satz 6 wieder von den drei *Rekursionsgleichungen* der durch sie *rekursiv definierten* Funktion F, den beiden *Rekursionsvorschriften* T_1, T_2 und dem *Rekursionsanfang* b.

Die Sätze 6 und 3 werden sich besonders gut für den Umgang mit den arithmetischen Operationen der Ordinalzahlen eignen.

§ 6. Verwandte Sätze zum Auswahlaxiom

1. Wohlordnungssatz. Wir hatten in Bd. II, § 4 die Auswahlsätze als die elementaren äquivalenten Formulierungen des Auswahlaxiomes kennengelernt. Als tiefer liegende äquivalente Formulierungen erweisen sich Wohlordnungssatz, ZORNsches Lemma, Maximalmengensatz und Maximalkettensatz, denen wir uns jetzt zuwenden wollen. Jeder dieser Sätze könnte an Stelle des Auswahlaxiomes als Axiom postuliert werden, ist jedoch — wie wir sehen werden — inhaltlich weniger „selbstverständlich" als das Auswahlaxiom. Das Wichtige an den Äquivalenzen ist natürlich, daß die angegebenen und für die Mathematik grundlegenden Sätze aus den mengentheoretischen Axiomen beweisbar sind. Die Beweise verwenden das Auswahlaxiom, und man erhält beiläufig, daß auch umgekehrt das Auswahlaxiom, ohne es zu verwenden, aus jedem dieser Sätze folgt. Wir beginnen mit dem Wohlordnungssatz.

In § 1, Abschn. 1 wurde aufgezeigt, wie man anschaulich für jede Menge A durch eine transfinite Abzählung

$$a_0 \in A, \quad a_1 \in A \setminus \{a_0\}, \quad a_2 \in A \setminus \{a_0, a_1\}, \ldots,$$

$$a_\omega \in A \setminus A_0 \quad \text{bei} \quad A_0 = \{a_0, a_1, a_2, \ldots\},$$

$$a_{\omega,1} \in A \setminus (A_0 \cup \{a_\omega\}), \ldots\ldots$$

eine zugehörige Wohlordnung $\leqq$ in A erzeugt mit

$$a_0 < a_1 < a_2 < \ldots < a_\omega < a_{\omega,1} < \ldots\ldots .$$

Cantor anerkannte diese anschauliche Konstruktion der Wohlordnung $\leqq$ in A als Denknotwendigkeit und betrachtete damit die Frage nach der Existenz von Wohlordnungen in vorgegebenen Mengen als im positiven Sinne beantwortet. Er nahm die Behauptung, daß es in jeder Menge eine Wohlordnung gibt, den Wohlordnungssatz, unbewiesen hin. Es ist das Verdienst von Zermelo, den Wohlordnungssatz mit Hilfe des (von Zermelo stammenden) Auswahlaxiomes bewiesen zu haben, welches anschaulich viel einleuchtender ist als der Wohlordnungssatz. Zermelo lieferte zwei Beweise des Wohlordnungssatzes (1904 und 1908), die in modifizierter Form den folgenden Sätzen 2 und 1 zugrunde liegen.

Satz 1 (Wohlordnungssatz oder Satz von Zermelo).

$$\forall A \; \exists R (A \text{ Menge} \rightarrow R \text{ Wohlordnung in } A).$$

Beweis. Die Beweisidee ist folgende: Ist A eine vorgegebene Menge und F eine Funktion von $\mathfrak{P}A$ in A mit $F(X) \notin X$ für alle $X \subset A$, so erhält man mittels F die anschauliche transfinite Abzählung

$$F(\emptyset) = a_0, \quad F(\{a_0\}) = a_1, \quad F(\{a_0, a_1\}) = a_2, \ldots,$$
$$F(A_0) = a_\omega \quad \text{bei} \quad A_0 = \{a_0, a_1, a_2, \ldots\},$$
$$F(A_0 \cup \{a_\omega\}) = a_{\omega,1}, \ldots\ldots$$

von A mit den sukzessiv gebildeten Argumentmengen

$$M_0 = \emptyset, \quad M_1 = \{a_0\}, \quad M_2 = \{a_0, a_1\}, \ldots,$$
$$M_\omega = A_0, \quad M_{\omega,1} = A_0 \cup \{a_\omega\}, \ldots\ldots,$$

für welche gilt:

$$M_1 = M_0 \cup \{F(M_0)\}, \qquad M_2 = M_1 \cup \{F(M_1)\}, \ldots,$$
$$M_\omega = \bigcup \{M_0, M_1, M_2, \ldots\},$$
$$M_{\omega,1} = M_\omega \cup \{F(M_\omega)\}, \ldots\ldots.$$

Für das Mengensystem $\mathfrak{M}$ aller dieser Argumentmengen M ist $A \in \mathfrak{M}$, die transfinite Abzählung

$$a_0, a_1, a_2, \ldots, a_\omega, a_{\omega,1}, \ldots\ldots$$

von A läuft ohne Wiederholung nur bis unterhalb derjenigen Stelle a, von der ab alle Mengen M gleich A sind, und man vermutet, daß $\mathfrak{M}$ bzgl. $\subseteq$ wohlgeordnet ist und $f = F \mid (\mathfrak{M} \setminus \{A\})$ eine umkehrbar eindeutige Abbildung von $\mathfrak{M} \setminus \{A\}$ auf A ist, womit es unter Vermittlung von f sofort auch eine Wohlordnung R in A gibt, nämlich gerade

$$a_0 < a_1 < a_2 < \ldots < a_\omega < a_{\omega,1} < \ldots\ldots.$$

Diese Beweisidee soll nun in einen exakten Beweis umgesetzt werden, wobei zunächst F und $\mathfrak{M}$ mengentheoretisch definiert werden müssen.

Es sei also A eine Menge. Ist $A = \emptyset$, so ist $R = \emptyset$ eine Wohlordnung in A und der Satz bewiesen. Ist $A \neq \emptyset$, so sei ein Element $a \in A$ fest herausgegriffen. Nach dem Auswahlaxiom und Satz 3, Bd. II, § 4 gibt es eine Auswahlfunktion F'' des Mengensystems $\mathfrak{P}A \setminus \{\emptyset\}$ mit also $F''(X) \in X$ für jede nichtleere Teilmenge X von A. Wir bilden die Funktion

$$F'(X) = \begin{cases} F''(X), & \text{falls} \quad X \neq \emptyset \\ a, & \text{falls} \quad X = \emptyset \end{cases}$$

über $\mathfrak{P}A$ und schließlich die Funktion

$$F(X) = F'(A \setminus X)$$

über $\mathfrak{P}A$. Es ist $F(X) \notin X$ für alle $X \subset A$. Wir nennen ein Teilmengensystem $\mathfrak{G} \subseteq \mathfrak{P}A$ *gesättigt* genau dann, wenn gilt:

$$(1)\ \forall X(X \in \mathfrak{S} \rightarrow X \cup \{F(X)\} \in \mathfrak{S}),$$

$$(2)\ \forall \mathfrak{X}(\mathfrak{X} \subseteq \mathfrak{S} \rightarrow \bigcup \mathfrak{X} \in \mathfrak{S}).$$

Speziell ist $\mathfrak{P}A$ selbst gesättigt. In jedem gesättigten System $\mathfrak{S}$ ist wegen $\emptyset \subseteq \mathfrak{S}$ und (2) sofort $\emptyset$ als Element enthalten; ebenso gilt $A \in \mathfrak{S}$, da sonst wegen $\mathfrak{S} \subseteq \mathfrak{S}$ und (2) $\bigcup \mathfrak{S} \in \mathfrak{S} \setminus \{A\}$ wäre, also $\bigcup \mathfrak{S} \in \mathfrak{S}$ und $\bigcup \mathfrak{S} \subset A$, woraus $F(\bigcup \mathfrak{S}) \in \bigcup \mathfrak{S}$ nach (1) und $F(\bigcup \mathfrak{S}) \notin \bigcup \mathfrak{S}$ nach Definition von F folgt. Es sei

$$\mathfrak{M} = \bigcap \{\mathfrak{S} \mid \mathfrak{S} \subseteq \mathfrak{P}A \wedge \mathfrak{S}\ \textit{gesättigt}\}$$

der Durchschnitt aller gesättigten Systeme, der trivial selbst wieder gesättigt ist. $\mathfrak{M}$ ist also das kleinste gesättigte Teilsystem von $\mathfrak{P}A$ (und damit anschaulich gerade das eingangs konstruierte Mengensystem $\mathfrak{M}$ aller, von $\emptyset$ ausgehend, sukzessiv mittels F und Vereinigungsbildung aus A ausgewählten Teilmengen $M_0, M_1, M_2, \ldots, M_\omega, M_{\omega,1}, \ldots\ldots$). Es besteht zunächst folgender (der eingangs entwickelten Anschauung entsprechende)

Hilfssatz 1. Für beliebige X, $Y \in \mathfrak{M}$ gilt:

a) $X \subseteq Y \vee Y \subseteq X$,

b) $X \subseteq Y \vee Y \cup \{F(Y)\} \subseteq X$.

Beweis. Man bilde das Mengensystem

$$\mathfrak{K} = \{Y \in \mathfrak{M} \mid \forall X(X \in \mathfrak{M} \rightarrow X \subseteq Y \vee Y \subseteq X)\}$$

und für jedes $Y \in \mathfrak{K}$ das Mengensystem

$$\langle Y \rangle = \{X \in \mathfrak{M} \mid X \subseteq Y \vee Y \cup \{F(Y)\} \subseteq X\}.$$

Wenn wir zeigen können, daß $\mathfrak{K}$ gesättigt ist und für jedes $Y \in \mathfrak{K}$ auch $\langle Y \rangle$, so ist $\mathfrak{M} = \mathfrak{K} = \langle Y \rangle$ nach Definition von $\mathfrak{M}$, und die Behauptungen a) und b) sind bewiesen. Wir zeigen zunächst

$$\forall Y(Y \in \mathfrak{K} \rightarrow \langle Y \rangle\ \textit{gesättigt}). \quad (*)$$

Für jedes fest vorgegebene $Y \in \mathfrak{K}$ ist wegen $\langle Y \rangle \subseteq \mathfrak{M}$ trivial $\langle Y \rangle \subseteq \mathfrak{P}A$. Es ist noch zu zeigen:

$$(1') \quad \forall X(X \in \langle Y \rangle \to X \cup \{F(X)\} \in \langle Y \rangle),$$

$$(2') \quad \forall \mathfrak{X}(\mathfrak{X} \subseteq \langle Y \rangle \to \bigcup \mathfrak{X} \in \langle Y \rangle).$$

(1′) Aus $X \in \langle Y \rangle$ folgt $X \in \mathfrak{M}$, also, da $\mathfrak{M}$ gesättigt ist, nach (1) $X \cup \{F(X)\} \in \mathfrak{M}$; für $X \cup \{F(X)\} \in \langle Y \rangle$ ist dann noch zu zeigen:

$$X \cup \{F(X)\} \subseteq Y \vee Y \cup \{F(Y)\} \subseteq X \cup \{F(X)\}.$$

Wegen $X \in \langle Y \rangle$ ist aber

$$X \subseteq Y \vee Y \cup \{F(Y)\} \subseteq X.$$

In den beiden Fällen $X = Y$ und $Y \cup \{F(Y)\} \subseteq X$ ist die Behauptung trivial. Im Falle $X \subset Y$ gilt $X \cup \{F(X)\} \subseteq Y$; denn wegen $Y \in \mathfrak{K}$ ist

$$X \cup \{F(X)\} \subseteq Y \vee Y \subseteq X \cup \{F(X)\},$$

und für $Y \subset X \cup \{F(X)\}$ wäre

$$X \subset Y \subset X \cup \{F(X)\},$$

womit $X \cup \{F(X)\}$ mindestens zwei nicht in X enthaltene Elemente besäße.

(2′) Aus $\mathfrak{X} \subseteq \langle Y \rangle$ folgt $\mathfrak{X} \subseteq \mathfrak{M}$, also nach (2) $\bigcup \mathfrak{X} \in \mathfrak{M}$; für $\bigcup \mathfrak{X} \in \langle Y \rangle$ ist dann noch zu zeigen:

$$\bigcup \mathfrak{X} \subseteq Y \vee Y \cup \{F(Y)\} \subseteq \bigcup \mathfrak{X}.$$

Für jedes $X \in \mathfrak{X}$ ist $X \in \langle Y \rangle$, also

$$X \subseteq Y \vee Y \cup \{F(Y)\} \subseteq X.$$

Gilt $X \subseteq Y$ für alle $X \in \mathfrak{X}$, so ist $\bigcup \mathfrak{X} \subseteq Y$; gilt $Y \cup \{F(Y)\} \subseteq X$ für ein $X \in \mathfrak{X}$, so ist $Y \cup \{F(Y)\} \subseteq \bigcup \mathfrak{X}$. Damit gilt (*). Nun beweisen wir

$\mathfrak{K}$ ist gesättigt. (**)

Wegen $\mathfrak{K} \subseteq \mathfrak{M}$ ist sofort $\mathfrak{K} \subseteq \mathfrak{P}A$. Es ist noch zu zeigen:

$$(1'')\ \forall Y(Y \in \mathfrak{K} \to Y \cup \{F(Y)\} \in \mathfrak{K}),$$
$$(2'')\ \forall \mathfrak{Y}(\mathfrak{Y} \subseteq \mathfrak{K} \to \bigcup \mathfrak{Y} \in \mathfrak{K}).$$

(1'') Aus $Y \in \mathfrak{K}$ folgt $Y \in \mathfrak{M}$ und damit nach (1) $Y \cup \{F(Y)\} \in \mathfrak{M}$; für $Y \cup \{F(Y)\} \in \mathfrak{K}$ ist dann noch zu zeigen:

$$\forall X(X \in \mathfrak{M} \to X \subseteq Y \cup \{F(Y)\} \vee Y \cup \{F(Y)\} \subseteq X).$$

Wegen $Y \in \mathfrak{K}$ ist $\langle Y \rangle$ nach (*) gesättigt, also gilt $\mathfrak{M} = \langle Y \rangle$; für jedes $X \in \mathfrak{M}$ gilt damit

$$X \subseteq Y \vee Y \cup \{F(Y)\} \subseteq X,$$

woraus sofort die Behauptung folgt.

(2'') Aus $\mathfrak{Y} \subseteq \mathfrak{K}$ folgt $\mathfrak{Y} \subseteq \mathfrak{M}$ und damit nach (2) $\bigcup \mathfrak{Y} \in \mathfrak{M}$; für $\bigcup \mathfrak{Y} \in \mathfrak{K}$ ist dann noch zu zeigen:

$$\forall X(X \in \mathfrak{M} \to X \subseteq \bigcup \mathfrak{Y} \vee \bigcup \mathfrak{Y} \subseteq X).$$

Für jedes $X \in \mathfrak{M}$ und jedes $Y \in \mathfrak{Y}$ ist aber

$$X \subseteq Y \vee Y \subseteq X,$$

woraus sofort die Behauptung folgt. Damit gilt (**), und Hilfssatz 1 ist bewiesen.

Hilfssatz 2. $(\mathfrak{M}, \subseteq)$ *ist ein wohlgeordnetes Mengensystem.*

Beweis. Nach Hilfssatz 1 a) ist $\mathfrak{M}$ bereits eine Kette. Es ist noch für jedes Mengensystem $\mathfrak{N}$ mit $\emptyset \neq \mathfrak{N} \subseteq \mathfrak{M}$ die Existenz des kleinsten Elementes (bzgl. $\subseteq$) zu zeigen. Sei

$$\mathfrak{X} = \{X \in \mathfrak{M} \mid \forall Y(Y \in \mathfrak{N} \to X \subset Y)\}.$$

Es ist $\mathfrak{X} \subseteq \mathfrak{M}$, also $\bigcup \mathfrak{X} \in \mathfrak{M}$ nach (2) und außerdem

$$\forall Y(Y \in \mathfrak{N} \to \bigcup \mathfrak{X} \subseteq Y).$$

Ist $\bigcup \mathfrak{X} \in \mathfrak{N}$, so ist bereits $\bigcup \mathfrak{X}$ das Minimum von $\mathfrak{N}$. Ist $\bigcup \mathfrak{X} \notin \mathfrak{N}$, so gilt

$$\forall Y(Y \in \mathfrak{N} \to \bigcup \mathfrak{X} \subset Y),$$

woraus wegen $\bigcup \mathfrak{X} \in \mathfrak{M}$ nach Hilfssatz 1b) folgt:

$$\forall Y(Y \in \mathfrak{N} \rightarrow \bigcup \mathfrak{X} \cup \{F(\bigcup \mathfrak{X})\} \subseteq Y). \quad (^{**}_{*})$$

Wir behaupten, daß dann $\overline{X} = \bigcup \mathfrak{X} \cup \{F(\bigcup \mathfrak{X})\}$ Element von $\mathfrak{N}$ und damit das Minimum von $\mathfrak{N}$ ist. Wegen $\bigcup \mathfrak{X} \in \mathfrak{M}$ ist nach (1) $\overline{X} \in \mathfrak{M}$. Wäre also $\overline{X} \notin \mathfrak{N}$, so wäre $\overline{X} \in \mathfrak{X}$ nach $(^{**}_{*})$ und Definition von $\mathfrak{X}$, also $F(\bigcup \mathfrak{X}) \in \bigcup \mathfrak{X}$ im Widerspruch zur Definition von F und $\bigcup \mathfrak{X} \subset A$; denn wegen $\mathfrak{N} \neq \emptyset$ gibt es ein $Y \in \mathfrak{N}$ mit dann $\bigcup \mathfrak{X} \subset Y \subseteq A$. Damit ist Hilfssatz 2 bewiesen.

Hilfssatz 3. $f = F \mid (\mathfrak{M} \setminus \{A\})$ *ist eine eineindeutige Abbildung von* $\mathfrak{M} \setminus \{A\}$ *auf* A.

Beweis. Zunächst ist f eine Funktion von $\mathfrak{M} \setminus \{A\}$ in A. f ist umkehrbar; denn für Mengen $X, Y \in \mathfrak{M}$ mit $X, Y \subset A$ und $X \neq Y$ gilt nach Hilfssatz 1a)

$$X \subset Y \vee Y \subset X,$$

also nach Hilfssatz 1b)

$$X \cup \{f(X)\} \subseteq Y \vee Y \cup \{f(Y)\} \subseteq X$$

und damit

$$f(X) \in Y \wedge f(Y) \notin Y . \vee . f(Y) \in X \wedge f(X) \notin X,$$

also stets $f(X) \neq f(Y)$. Schließlich gibt es für jedes $x \in A$ ein $X \in \mathfrak{M}$ mit $X \subset A$ und $f(X) = x$. Dazu bilde man für $x \in A$ die Menge

$$\mathfrak{X} = \{X \in \mathfrak{M} \mid x \notin X\}.$$

Nach (2) ist $X = \bigcup \mathfrak{X} \in \mathfrak{M}$, und wegen $x \notin X$ ist $X \subset A$. Es ist $f(X) = x$, da sonst $x \notin X \cup \{f(X)\} \in \mathfrak{M}$ wäre, also $X \cup \{f(X)\} \in \mathfrak{X}$, also $f(X) \in \bigcup \mathfrak{X} = X$ im Widerspruch zu $f(X) \notin X$. Damit ist Hilfssatz 3 bewiesen.

Nach Hilfssatz 3 und Satz 2, § 1 ist für die Relation R in A mit für alle $x, y \in A$:

$$xRy \leftrightarrow f^{-1}(x) \subseteq f^{-1}(y)$$

die Funktion f ein Isomorphismus von $\mathfrak{M} \setminus \{A\}$ auf A bzgl. $\subseteq$ und R, also

$$(\mathfrak{M} \setminus \{A\}, \subseteq) \simeq (A, R).$$

Daraus resultiert nach Hilfssatz 2 und Satz 4, § 4 (A, R) als wohlgeordnete Menge und damit R als Wohlordnung in A. Der Wohlordnungssatz ist somit bewiesen. ∎

Nach § 1, Abschn. 1 sind die transfiniten Abzählungen aller Elemente einer Menge A mengentheoretisch exakt als die Wohlordnungen in A zu präzisieren. Satz 1 liefert dann — und darin liegt seine Wichtigkeit — den mathematischen Nachweis der Möglichkeit, die Elemente einer jeden Menge A transfinit aufzählen zu können, womit, abgesehen von der prinzipiellen erkenntnistheoretischen Bedeutung transfiniter Abzählungen, auch alle theoretischen Vorteile für A gegeben sind, welche aus dem Vorhandensein einer Wohlordnung in A resultieren. Man kann als Beispiel auf Grund von Satz 1 in jeder Menge Definitionen und Beweise durch transfinite Induktion führen, wie man es von den natürlichen Zahlen her gewohnt ist. Der weitere Verlauf unserer Theorie wird Anwendungen des Wohlordnungssatzes innerhalb der Allgemeinen Mengenlehre aufzeigen.
Ohne Satz 1 verwenden zu müssen, hat man natürlich bereits Wohlordnungen in allen solchen Mengen zur Verfügung, welche gleichmächtig mit schon bekannten wohlgeordneten Mengen sind. So gibt es als Beispiel sofort in jeder abzählbaren Menge eine Wohlordnung; denn die abzählbaren Mengen sind die mit den Segmenten der wohlgeordneten Menge $(\boldsymbol{N}, \leqq)$ der natürlichen Zahlen gleichmächtigen Mengen.

Satz 1 ist mit dem Auswahlaxiom bewiesen worden. Umgekehrt folgt das Auswahlaxiom unmittelbar aus Satz 1; denn ist $\mathfrak{M}$ ein disjunktes Mengensystem mit $\emptyset \notin \mathfrak{M}$ und $\leqq$ eine nach Satz 1 in $M = \bigcup \mathfrak{M}$ existierende Wohlordnung, so ist die Funktion

$$f(X) = \min_{(M, \leqq)} X$$

über $\mathfrak{M}$ eine Auswahlfunktion von $\mathfrak{M}$ und $A = \mathrm{W}(f)$ eine Auswahl von $\mathfrak{M}$. Auswahlaxiom und Wohlordnungssatz sind äquivalent.

2. ZORNsches Lemma. Im Gegensatz zu Satz 8, § 2 besitzt nicht jede unendliche geordnete Menge $(A, \leqq)$ extremale Elemente. Man vermutet aber die Existenz maximaler Elemente unter der Voraussetzung, daß jede durch $\leqq$ wohlgeordnete Teilmenge $X \subseteq A$ — d. h. die induzierte Ordnung $\leqq \| X$ ist eine Wohlordnung in X — eine obere Schranke $s(X)$ in A besitzt. Gäbe es dann nämlich kein maximales Element, so existiert zu jedem $x \in A$ ein $f(x) \in A$ mit $x < f(x)$, und für die Menge M aller sukzessiv aus A ausgewählten Elemente

$$a_0 = f(s(\emptyset)), \quad a_1 = f(s(\{a_0\})), \quad a_2 = f(s(\{a_0, a_1\})), \ldots,$$
$$a_\omega = f(s(A_0)) \quad \text{bei} \quad A_0 = \{a_0, a_1, a_2, \ldots\},$$
$$a_{\omega,1} = f(s(A_0 \cup \{a_\omega\})), \ldots\ldots$$

gilt anschaulich:

$$a_0 < a_1 < a_2 < \ldots < a_\omega < a_{\omega,1} < \ldots\ldots,$$

d. h. M wird von $\leqq$ wohlgeordnet, so daß man weiter das Element $f(s(M))$ auswählen kann, welches aber größer als alle Elemente von M ist, also nicht zu M gehört im Widerspruch dazu, daß M alle nach dem angegebenen Verfahren aus A sukzessiv ausgewählten Elemente enthalten soll. Unsere Vermutung bestätigt der auf KURATOWSKI und ZORN zurückgehende

Satz 2 (ZORNsches Lemma). *Für geordnete Mengen* $(A, \leqq)$ *gilt:*

a) $\forall X(X \subseteq A \wedge \leqq \| X$ *Wohlordnung* $\rightarrow X$ *nach oben beschränkt in* $A) \rightarrow \exists x(x$ *maximales Element von* $A)$,

b) $\forall X(X \subseteq A \wedge (\leqq \| X)^{-1}$ *Wohlordnung* $\rightarrow X$ *nach unten beschränkt in* $A) \rightarrow \exists x(x$ *minimales Element von* $A)$.

Beweis. a) und b) gehen durch Dualisierung, d. h. Übergang von $\leqq$ zu $\geqq$, auseinander hervor und sind in diesem Sinne gleichwertig. Wir zeigen a). Die Beweisidee ist folgende: Gibt es unter den Voraussetzungen kein maximales Element, so wähle man nach dem obigen Verfahren aus A mittels der Funktionen s und f die Elemente

$$a_0 < a_1 < a_2 < \ldots < a_\omega < a_{\omega,1} < \ldots\ldots$$

aus. Die Argumentmengen

$$N_0 = \emptyset, \qquad N_1 = \{a_0\}, \qquad N_2 = \{a_0, a_1\}, \ldots,$$
$$N_\omega = A_0, \qquad N_{\omega,1} = A_0 \cup \{a_\omega\}, \ldots\ldots$$

werden dabei einzeln von $\leqq$ wohlgeordnet und lassen sich folgendermaßen charakterisieren, wenn N irgendeine dieser Mengen ist:

$$\forall x\bigl(x \in N \to f(s(\underset{(N, \leqq \| N)}{\mathrm{Ab}}\; x)) = x\bigr).$$

Die Menge M aller ausgewählten Elemente a ist offenbar die Vereinigung sämtlicher Argumentmengen N. M wird wieder von $\leqq$ wohlgeordnet und $m = f(s(M))$ ist nicht Element von M im Widerspruch zur Vereinigungsdefinition von M und der Tatsache, daß auch $M \cup \{m\}$ eine Argumentmenge N ist. Diese Beweisidee setzen wir nun in einen exakten Beweis um, wobei zunächst s, f und die Argumentmengen N einwandfrei definiert werden müssen.

Es sei also $(A, \leqq)$ eine geordnete Menge, jede durch $\leqq$ wohlgeordnete Teilmenge von A sei nach oben beschränkt, und $\mathfrak{W}$ sei das System aller durch $\leqq$ wohlgeordneten Teilmengen $X \subseteq A$, also

$$\mathfrak{W} = \{X \subseteq A \mid \leqq \| X \textit{ Wohlordnung}\}.$$

Für jedes $X \in \mathfrak{W}$ ist dann die Menge

$$S(X) = \{x \in A \mid x \textit{ obere Schranke von } X\}$$

nichtleer, so daß es nach dem Auswahlaxiom und Satz 2, Bd. II, § 4 eine Auswahlfunktion s der über $\mathfrak{W}$ definierten

Abbildung

$$F = \{(X, x) \mid X \in \mathfrak{W} \wedge x \in S(X)\}$$

gibt. Für jedes $X \in \mathfrak{W}$ ist also $s(X)$ eine obere Schranke von X. Wir nehmen an, es gäbe kein maximales Element von A. Dann hat die Abbildung

$$G = \{(x, y) \in A^2 \mid x < y\}$$

den Definitionsbereich A, und eine wieder existierende Auswahlfunktion f von G ordnet jedem Element $x \in A$ ein Element $f(x) \in A$ mit $x < f(x)$ zu. Wir nennen jetzt eine Teilmenge $N \subseteq A$ *normal* genau dann, wenn gilt:

$$N \in \mathfrak{W} \wedge \forall x (x \in N \rightarrow f(s(\underset{(N, \leqq \| N)}{\text{Ab}}\ x)) = x).$$

(Das erste Element a_0 einer jeden nichtleeren normalen Menge N ist $f(s(\emptyset))$, das zweite Element a_1 ist $f(s(\{a_0\}))$, das dritte Element a_2 ist $f(s(\{a_0, a_1\})), \ldots$; für $A_0 = \{a_0, a_1, a_2, \ldots\}$ ist das ω-te Element a_ω gleich $f(s(A_0))$, das $(\omega, 1)$-te Element $a_{\omega,1}$ gleich $f(s(A_0 \cup \{a_\omega\}))$, ... Man erkennt, daß die normalen Mengen gerade die oben mittels s und f anschaulich erzeugten Argumentmengen N sind.) Es sei

$$M = \bigcup \{N \mid N \subseteq A \wedge N \textit{ normal}\}$$

die Vereinigung aller normalen Mengen.

Hilfssatz 1. Für normale Mengen N_1, N_2 gilt:

$$N_1 \textit{ Segment von } (N_2, \leqq \| N_2)$$
$$\vee\ N_2 \textit{ Segment von } (N_1 \leqq \| N_1).$$

Beweis. Die Vereinigung

$$V = \bigcup \{X \mid X \textit{ Segment von } (N_1, \leqq \| N_1) \textit{ und von } (N_2, \leqq \| N_2)\}$$

der gemeinsamen Segmente von N_1 und N_2 ist selbst gemeinsames Segment von N_1 und N_2 (vgl. im Anschluß an Definition 14, § 2). Ist also $V = N_1$ oder $V = N_2$, so ist

N_1 Segment von N_2 oder umgekehrt. Es bleibt noch zu zeigen, daß nicht gleichzeitig $V \neq N_1$ und $V \neq N_2$ sein kann. Wäre dies der Fall, so wäre V nach Satz 6, § 4 Abschnitt sowohl von N_1 als von N_2. Es gibt dann Elemente $n_1 \in N_1$ und $n_2 \in N_2$ mit

$$V = \underset{(N_1, \leqq \| N_1)}{\text{Ab}} n_1 = \underset{(N_2, \leqq \| N_2)}{\text{Ab}} n_2;$$

auf Grund der Normalität von N_1, N_2 ist

$$n_1 = f(s(\underset{(N_1, \leqq \| N_1)}{\text{Ab}} n_1)) = f(s(V))$$
$$= f(s(\underset{(N_2, \leqq \| N_2)}{\text{Ab}} n_2)) = n_2.$$

Setzen wir $n = n_1 = n_2$, so ist $n \in N_1 \cap N_2$ und $V \cup \{n\}$ ein gemeinsames Segment von N_1 und N_2, also $V \cup \{n\} \subseteq V$, also $n \in V$ im Widerspruch zu $n \notin V$. Damit ist Hilfssatz 1 bewiesen.

Hilfssatz 2. M ist normal.

Beweis. Sei I die Menge aller normalen Mengen und für jedes $i \in I$:

$$N_i = i, \qquad \varrho_i = \leqq \| N_i.$$

Dann gilt nach Hilfssatz 1 stets

$$N_i \subseteq N_j \wedge \varrho_i = \varrho_j \| N_i \wedge N_i \textit{ Segment von } (N_j, \varrho_j)$$

oder

$$N_j \subseteq N_i \wedge \varrho_j = \varrho_i \| N_j \wedge N_j \textit{ Segment von } (N_i, \varrho_i)$$

und stets

$$M = \bigcup_{i \in I} N_i, \qquad (\leqq \| M) \| N_i = \varrho_i.$$

Damit ist nach Satz 27a), d), § 4 $(M, \leqq \| M)$ eine wohlgeordnete Menge, also $M \in \mathfrak{W}$. Weiter gilt für jedes $x \in M$ und eine dann existierende normale Menge N_i mit

$x \in N_i$ nach Satz 28b), § 4:

$$f(s(\underset{(M,\leqq\|M)}{\mathrm{Ab}}\ x)) = f(s(\underset{(N_i,\varrho_i)}{\mathrm{Ab}}\ x)) = f(s(\underset{(N_i,\leqq\|N_i)}{\mathrm{Ab}}\ x)) = x.$$

Damit ist M insgesamt normal und Hilfssatz 2 bewiesen.

Wir betrachten nun das Element $m = f(s(M))$; nach Hilfssatz 2 ist ja M ein Argument von s. Es gilt

$$x \leqq s(M) < f(s(M)) = m$$

für alle $x \in M$. Dadurch ist $m \notin M$, und $M' = M \cup \{m\}$ wird von $\leqq$ wohlgeordnet. Schließlich ist M' normal; denn es gilt

$$f(s(\underset{(M',\leqq\|M')}{\mathrm{Ab}}\ m)) = f(s(M)) = m,$$

und M ist nach Hilfssatz 2 normal. Aus der Normalität von M' folgt $M' \subseteq M$, also $m \in M$ im Widerspruch zu $m \notin M$. Die Annahme, es gäbe kein maximales Element von A, ist damit zum Widerspruch geführt. ∎

Die Verwendung der Funktion f im Beweis zu Satz 2 führt zur Gleichwertigkeit des ZORNschen Lemmas mit dem auf BOURBAKI und KNESER zurückgehenden

Satz 3 (BOURBAKIscher Fixpunktsatz). *Für geordnete Mengen $(A, \leqq)$ und Funktionen f von A in A gilt:*

a) $\forall X(X \subseteq A \wedge \leqq \| X$ *Wohlordnung* $\to X$ *nach oben beschränkt in* $A) \wedge \forall x(x \in A \to x \leqq f(x))$

$$\to \exists x(x \in A \wedge f(x) = x),$$

b) $\forall X(X \subseteq A \wedge (\leqq \| X)^{-1}$ *Wohlordnung* $\to X$ *nach unten beschränkt in* $A) \wedge \forall x(x \in A \to f(x) \leqq x)$

$$\to \exists x(x \in A \wedge f(x) = x).$$

Beweis. a) und b) gehen durch Dualisierung auseinander hervor. a) folgt aus Satz 2a), da $f(x) = x$ für jedes maximale Element x von A gelten muß. ∎

Umgekehrt folgt Satz 2a) aus Satz 3a), indem man unter der Annahme, es gäbe keine maximalen Elemente von A, mit dem Auswahlaxiom eine Funktion f von A in A zur Verfügung hat mit stets $x < f(x)$ im Widerspruch zur Existenz eines Fixpunktes von f. Die Sätze 2, 3 sind also unmittelbare Folgerungen auseinander.

Die Voraussetzung der Beschränktheit der durch $\leqq$ bzw. $\geqq$ wohlgeordneten Teilmengen von A ist gleichbedeutend mit Rechts- bzw. Linksinduktivität (vgl. Definition 10, § 2). Hierfür zeigen wir mit dem Wohlordnungssatz, daß jede vollgeordnete Menge mit einer wohlgeordneten Teilmenge konfinal ist (vgl. Definition 12, § 2):

Satz 4. *Für jede vollgeordnete Menge* (A, R) *gilt*:

a) $\exists X(X \subseteq A \wedge R \| X$ *Wohlordnung* $\wedge A \text{ cf } X)$,

b) $\exists X(X \subseteq A \wedge (R \| X)^{-1}$ *Wohlordnung* $\wedge A \text{ ci } X)$.

Beweis. b) folgt aus a) durch Dualisierung. a) Die Beweisidee ist folgende: Man gibt sich eine nach dem Wohlordnungssatz existierende Wohlordnung S in A vor und spekuliert, daß die Menge X folgender Elemente eine gewünschte wohlgeordnete Teilmenge von A mit A cf X ist:

$$x_0 = \min_{(A,S)} A\,,$$

$$x_1 = \min_{(A,S)} \{x \in A \mid x_0 \underset{R}{<} x\},$$

$$x_2 = \min_{(A,S)} \{x \in A \mid x_1 \underset{R}{<} x\},$$

$$\vdots$$

$$x_\omega = \min_{(A,S)} \{x \in A \mid \forall y(y \in X_0 \rightarrow y \underset{R}{<} x)\} \quad \text{bei } X_0 = \{x_0, x_1, x_2, \ldots\},$$

$$x_{\omega,1} = \min_{(A,S)} \{x \in A \mid x_\omega \underset{R}{<} x)\},$$

(falls die angegebenen Elemente schrittweise existieren; sonst ist man ja bereits fertig). Die aus A herausgegriffenen Elemente x lassen sich anschaulich charakterisieren als diejenigen $x \in A$ mit

$$\forall y(y \underset{S}{\leqq} x \rightarrow y \underset{R}{\leqq} x).$$

Diese Beweisidee wollen wir nun exakt durchführen.

Es sei also (A, R) eine wohlgeordnete Menge, S eine nach Satz 1 in A existierende Wohlordnung und

$$X = \{x \in A \mid \forall y(y \underset{S}{\leqq} x \rightarrow y \underset{R}{\leqq} x)\}.$$

X wird dann von R wohlgeordnet; denn wir zeigen $R \parallel X = S \parallel X$. Seien hierzu $x, y \in X$. Ist $x \underset{R}{\leqq} y$, so kann nach Definition von X nicht $y \underset{S}{<} x$ gelten, also ist $x \underset{S}{\leqq} y$; ist umgekehrt $x \underset{S}{\leqq} y$, so ist $x \underset{R}{\leqq} y$ nach Definition von X. Damit gilt $R \parallel X = S \parallel X$. Schließlich ist A mit X konfinal bzgl. R. Wäre dies nicht der Fall, so gäbe es ein $y \in A$ mit $x \underset{R}{<} y$ für alle $x \in X$; sei y_0 das bzgl. S kleinste derartige y. Wegen $y_0 \notin X$ gibt es ein y mit $y \underset{S}{\leqq} y_0$ und $y_0 \underset{R}{<} y$. Wegen $y_0 \underset{R}{<} y$ gilt auch $x \underset{R}{<} y$ für alle $x \in X$, womit $y_0 \underset{S}{\leqq} y$ ist nach Definition von y_0, was mit $y \underset{S}{\leqq} y_0$ zusammen $y_0 = y$ ergibt im Widerspruch zu $y_0 \underset{R}{<} y$. Also ist A bzgl. R mit X konfinal. ∎

Satz 4 ist eine Teilbehauptung des Satzes von HAUSDORFF (Satz 11, § 10).

Satz 5. *Für geordnete Mengen* $(A, \leqq)$ *gilt:*

a) $(A, \leqq)$ *rechtsinduktiv* $\leftrightarrow$

$\forall X(X \subseteq A \wedge \leqq \parallel X$ *Wohlordnung* $\rightarrow X$ *nach oben beschränkt in* $A)$,

b) $(A, \leqq)$ *linksinduktiv* $\leftrightarrow$

$\forall X(X \subseteq A \wedge (\leqq \| X)^{-1}$ *Wohlordnung* $\rightarrow X$ *nach unten beschränkt in* A).

Beweis. a) und b) gehen durch Dualisierung auseinander hervor. a) Ist $(A, \leqq)$ rechtsinduktiv, so ist jede Kette von A nach oben beschränkt, also erst recht jede durch $\leqq$ wohlgeordnete Teilmenge von A. Ist umgekehrt jede wohlgeordnete Teilmenge von A nach oben beschränkt und K eine Kette von A, so gibt es nach Satz 4a) in bezug auf die vollgeordnete Menge $(K, \leqq \| K)$ eine Teilmenge $X \subseteq K$ mit

$$(\leqq \| K) \| X \textit{ Wohlordnung} \wedge K \underset{\leqq \| K}{\mathrm{cf}} X.$$

Dabei ist natürlich

$$(\leqq \| K) \| X = \leqq \| X,$$

womit also X auch eine durch $\leqq$ wohlgeordnete Teilmenge von A ist und nach Voraussetzung eine obere Schranke $s \in A$ von X existiert. Weiter gibt es für jedes $x \in K$ auf Grund der Konfinalität von K mit X ein $y \in X$ mit $x \leqq y \leqq s$, so daß s schließlich eine obere Schranke für K ist. Damit ist $(A, \leqq)$ rechtsinduktiv. ∎

Nach Satz 5 kann man im ZORNschen Lemma und BOURBAKIschen Fixpunktsatz die Beschränktheitsvoraussetzungen gleichwertig durch Rechts- bzw. Linksinduktivität ersetzen. Man erhält u. a. die für die Anwendungen des ZORNschen Lemmas meistgebräuchliche und wohlordnungsfreie Formulierung:

Satz 6 (ZORNsches Lemma). *Für geordnete Mengen* $(A, \leqq)$ *gilt:*

a) $(A, \leqq)$ *rechtsinduktiv* $\rightarrow$

$\exists m(m$ *maximales Element von* A),

b) $(A, \leqq)$ *linksinduktiv* $\rightarrow$

$\exists m(m$ *minimales Element von* A).

Beweis. Unmittelbare Folgerung (ohne Auswahlaxiom) aus Satz 2. ∎

Satz 6 ist ein sehr bedeutender Satz der Mathematik, der u. a. für Algebra und Topologie von großer Wichtigkeit ist. In der Allgemeinen Mengenlehre werden wir den Vergleichbarkeitssatz für Mengen (Satz 6, § 7) und den Satz von HESSENBERG (Satz 15, § 8) mit dem ZORNschen Lemma beweisen können.

Aus Satz 6 folgt

Satz 7. *Für geordnete Mengen* $(A, \leqq)$ *und Elemente* $a \in A$ *gilt:*

a) $(A, \leqq)$ *rechtsinduktiv* $\rightarrow$
$$\exists m(a \leqq m \wedge m \text{ maximales Element von } A),$$

b) $(A, \leqq)$ *linksinduktiv* $\rightarrow$
$$\exists m(m \leqq a \wedge m \text{ minimales Element von } A).$$

Beweis. a) und b) gehen durch Dualisierung auseinander hervor. a) Ist $(A, \leqq)$ rechtsinduktiv, $a \in A$ und B die Menge aller $x \in A$ mit $a \leqq x$, so ist auch $(B, \leqq \| B)$ rechtsinduktiv, besitzt also nach Satz 6a) ein maximales Element m, welches gleichzeitig maximales Element von $(A, \leqq)$ ist. Wegen $m \in B$ ist schließlich $a \leqq m$. ∎

Umgekehrt folgt Satz 6 aus Satz 7, da unter der Induktivitätsvoraussetzung stets $A \neq \emptyset$ ist. Die Sätze 6, 7 sind also unmittelbare Folgerungen auseinander.

Aus Satz 6 folgt das *Spezielle* ZORN*sche Lemma*, indem man an Stelle beliebiger geordneter Mengen $(A, \leqq)$ nur geordnete Mengensysteme $(\mathfrak{M}, \subseteq)$ verwendet. Umgekehrt folgt aber auch Satz 6 über den Darstellungssatz für geordnete Mengen aus dem speziellen Lemma; denn zu jeder geordneten Menge $(A, \leqq)$ existiert nach Satz 6b), § 2 ein mit $(A, \leqq)$ isomorphes geordnetes Mengensystem $(\mathfrak{M}, \subseteq)$. Ist dann $(A, \leqq)$ rechts- bzw. linksinduktiv, so auch $(\mathfrak{M}, \subseteq)$, und $\mathfrak{M}$ besitzt nach dem speziellen Lemma ein maximales bzw. minimales Element, also auch A, da alle Begriffe invariant gegenüber isomorphen Abbildungen sind. ZORNsches Lemma und spezielles ZORNsches Lemma sind unmittelbare Folgerungen auseinander (vgl. hierzu die Bemerkung vor Satz 6b), § 2). In derselben Weise ist Satz 7 mit seinem Spezialfall für geordnete Mengensysteme gleichwertig.

Von allen Sätzen tritt bei Anwendungen vorwiegend die rechtsinduktive Version auf. Die Rechtsinduktivität eines Mengensystems $\mathfrak{M}$ wird häufig einfach dadurch bewiesen (vgl. auch Beispiel (1) hinter Definition 10, § 2), daß man für jede Kette $\mathfrak{K}$ von $\mathfrak{M}$ zeigt, daß $\bigcup \mathfrak{K}$ Element von $\mathfrak{M}$ ist.

3. Maximalmengensatz. Eine direkte Konsequenz des ZORNschen Lemmas ist der von TEICHMÜLLER und TUKEY gefundene

Satz 8 (Maximalmengensatz). *Für Mengen A, Teilmengensysteme $\mathfrak{M} \subseteq \mathfrak{P}A$ mit*

$$\forall X(X \in \mathfrak{M} \leftrightarrow X \subseteq A \wedge \forall Y(Y \subseteq X \wedge Y \text{ endlich} \to Y \in \mathfrak{M}))$$

— d. h. $\mathfrak{M}$ ist in bezug auf die Teilmengen von A eine „Eigenschaft von endlichem Charakter" — und für Elemente $M \in \mathfrak{M}$ gilt:

$$\exists X(X \text{ maximales Element von } \mathfrak{M} \wedge M \subseteq X).$$

Beweis. Nach Satz 7 ist für das Mengensystem $\mathfrak{M}$ Rechtsinduktivität zu zeigen. Dafür genügt es zu beweisen, daß die Vereinigung $\bigcup \mathfrak{K}$ jeder Kette $\mathfrak{K}$ von $\mathfrak{M}$ Element von $\mathfrak{M}$ ist. Ist $\mathfrak{K}$ eine Kette von $\mathfrak{M}$, so ist $\bigcup \mathfrak{K} \subseteq A$, und wegen des endlichen Charakters von $\mathfrak{M}$ ist für $\bigcup \mathfrak{K} \in \mathfrak{M}$ noch zu zeigen:

$$\forall Y(Y \subseteq \bigcup \mathfrak{K} \wedge Y \text{ endlich} \to Y \in \mathfrak{M}).$$

Für $Y = \emptyset$ ist trivial $Y \in \mathfrak{M}$; denn $\emptyset$ ist eine endliche Teilmenge von M und gehört dann wegen $M \in \mathfrak{M}$ ebenfalls zu $\mathfrak{M}$. Im Falle $\emptyset \neq Y \subseteq \bigcup \mathfrak{K}$ sei f eine nach dem Auswahlaxiom und Satz 2, Bd. II, § 4 existierende Auswahlfunktion der Abbildung

$$F = \{(y, K) \mid y \in Y \wedge y \in K \in \mathfrak{K}\}$$

von Y in $\mathfrak{K}$. Für $\mathfrak{L} = \mathrm{W}(f)$ ist $\emptyset \neq \mathfrak{L} \subseteq \mathfrak{K}$, also $\mathfrak{L}$ eine nichtleere Mengenkette. Wegen $\mathrm{D}(f) = Y$ ist nach Satz 1 h), Bd. II, § 9 mit Y auch $\mathfrak{L}$ endlich. Insgesamt besitzt damit $\mathfrak{L}$ nach Satz 6, § 3 ein letztes Element L, für welches $Y \subseteq L$ nach Definition von f und $\mathfrak{L}$ gilt. Aus $L \in \mathfrak{M}$ und der Endlichkeit von Y folgt schließlich $Y \in \mathfrak{M}$. Damit ist jede endliche Teilmenge Y von $\bigcup \mathfrak{K}$ Element von $\mathfrak{M}$. ∎

Satz 8 besagt, daß in bezug auf eine Menge A jede Teilmenge M mit einer gewissen Eigenschaft $\mathfrak{M}$ von endlichem Charakter zu einer maximalen (größtmöglichen) Obermenge X derselben Eigenschaft $\mathfrak{M}$ erweitert werden kann. Speziell besitzt jede nichtleere Eigenschaft $\mathfrak{M}$ von endlichem Charakter ein maximales Element; es gibt eine maximale Teilmenge X von A der Eigenschaft $\mathfrak{M}$. Ein Beispiel einer Eigenschaft von endlichem Charakter lernen wir im Beweis zu Satz 9 kennen.

Satz 8 ist für endliche Mengen A trivial, da in diesem Falle jedes beliebige Mengensystem $\mathfrak{N} \subseteq \mathfrak{P}A$ endlich ist und daher bei $\mathfrak{N} \neq \emptyset$ nach Satz 8, § 2 sofort maximale Elemente besitzt.

4. Maximalkettensatz. Aus dem Maximalmengensatz folgt unmittelbar der auf Birkhoff und Hausdorff zurückgehende

Satz 9 (Maximalkettensatz). *Für geordnete Mengen* $(A, \leqq)$, *das System* $\mathfrak{K}$ *aller Ketten von* A *und Elemente* $K \in \mathfrak{K}$ *gilt:*

$$\exists X(X \textit{ maximales Element von } \mathfrak{K} \wedge K \subseteq X).$$

Beweis. Nach Satz 8 ist zu zeigen, daß $\mathfrak{K}$ eine Eigenschaft von endlichem Charakter ist. Trivial ist $\mathfrak{K} \subseteq \mathfrak{P}A$; also noch zu zeigen:

$$\forall X(X \in \mathfrak{K} \leftrightarrow X \subseteq A \wedge \forall Y(Y \subseteq X \wedge Y \textit{ endlich} \rightarrow Y \in \mathfrak{K})).$$

Für jedes $X \in \mathfrak{K}$ ist trivial $Y \in \mathfrak{K}$ für alle $Y \subseteq X$, also erst recht für die endlichen $Y \subseteq X$. Gilt umgekehrt für ein $X \subseteq A$, daß jedes endliche $Y \subseteq X$ Element von $\mathfrak{K}$ ist, so ist für beliebige $x, y \in X$ die endliche Menge $Y = \{x, y\}$ Element von $\mathfrak{K}$, also gilt $x \leqq y$ oder $y \leqq x$; damit ist $X \in \mathfrak{K}$. ∎

Satz 9 besagt, daß jede Kette K einer geordneten Menge $(A, \leqq)$ zu einer maximalen (größtmöglichen) Oberkette X erweitert werden kann. Speziell existiert stets eine maximale Kette X von A (es ist $\mathfrak{K} \neq \emptyset$ wegen $\emptyset \in \mathfrak{K}$). Man bestimme zur Veranschaulichung die maximalen Ketten in dem hinter Definition 7, § 2 gezeichneten HASSE-Diagramm.

Satz 9 ist für endliche geordnete Mengen $(A, \leqq)$ trivial, da in diesem Falle wieder jedes beliebige Mengensystem $\mathfrak{N} \subseteq \mathfrak{P}A$ endlich ist und daher bei $\mathfrak{N} \neq \emptyset$ nach Satz 8, § 2 sofort maximale Elemente besitzt.

5. Wohlordnungssatz. Abschließend wollen wir die Äquivalenz des ZORNschen Lemmas (Sätze 2, 6), des Maximalmengensatzes (Satz 8) und des Maximalkettensatzes (Satz 9) mit dem Auswahlaxiom nachweisen. Es genügt hierfür zu zeigen, daß aus jedem dieser Sätze ohne Auswahlaxiom der Wohlordnungssatz folgt; denn diese Sätze sind bereits mit dem Auswahlaxiom bewiesen worden, und der Wohlordnungssatz ist mit dem Auswahlaxiom äquivalent (vgl. Abschn. 1). Außerdem folgt Satz 6 ohne Auswahlaxiom aus Satz 2, ebenso Satz 9 aus Satz 8, womit der Wohlordnungssatz nur noch aus jedem der Sätze 6 und 9 abzuleiten ist. Wir lernen damit zwei weitere interessante Beweise des Wohlordnungssatzes kennen.

Satz 10 (Wohlordnungssatz oder Satz von ZERMELO).

$$\forall A\ \exists R (A \textit{ Menge} \rightarrow R \textit{ Wohlordnung in } A).$$

Beweis. Es sei A eine vorgegebene Menge,

$$\mathfrak{W} = \{(X, R) \mid X \subseteq A \wedge R \text{ Wohlordnung in } X\}$$

und $\mathfrak{R}$ die Relation in $\mathfrak{W}$ mit für alle $(X, R), (Y, S) \in \mathfrak{W}$:

$$(X, R)\,\mathfrak{R}(Y, S) \leftrightarrow X \subseteq Y \wedge R = S \parallel X \wedge X \text{ Segment von } (Y, S).$$

Es ist $\mathfrak{W} \neq \emptyset$ wegen $(\emptyset, \emptyset) \in \mathfrak{W}$, und $\mathfrak{R}$ ist eine Ordnung in $\mathfrak{W}$. Von nun an gabelt sich der Beweis in zwei parallel verlaufende Teile (a) und (b), wobei (a) Satz 6 und (b) Satz 9 verwendet.

(a) $\mathfrak{W}$ ist rechtsinduktiv in bezug auf $\mathfrak{R}$; d. h. bzgl. $\mathfrak{R}$ besitzt jede Kette $\mathfrak{K}$ von $\mathfrak{W}$ eine obere Schranke in $\mathfrak{W}$. Sei hierzu $\mathfrak{K}$ eine Kette von $\mathfrak{W}$ (bzgl. $\mathfrak{R}$) mit den Familien $(M_i)_{i \in \mathfrak{K}}$ und $(\varrho_i)_{i \in \mathfrak{K}}$ bei

$$M_i = \iota X \,\exists R (X, R) = i,$$
$$\varrho_i = \iota R \,\exists X (X, R) = i$$

und sei

$$X_0 = \bigcup_{i \in \mathfrak{K}} M_i, \qquad R_0 = \bigcup_{i \in \mathfrak{K}} \varrho_i, \qquad W_0 = (X_0, R_0).$$

Es ist $X_0 \subseteq A$. Da $\mathfrak{K}$ eine Kette von $\mathfrak{W}$ ist, sind für die Familie $(M_i, \varrho_i)_{i \in \mathfrak{K}}$ geordneter Mengen alle Voraussetzungen von Satz 27d), § 4 erfüllt, so daß R_0 eine Wohlordnung in X_0 ist. Insgesamt ist damit $W_0 \in \mathfrak{W}$, und man bestätigt leicht aus den Definitionen von $\mathfrak{R}$, X_0, R_0, daß W_0 eine obere Schranke von $\mathfrak{K}$ ist (man verwende die Sätze 27a) und 28a) aus § 4; es ist sogar $W_0 = \sup \mathfrak{K}$). Damit ist $\mathfrak{W}$ bzgl. $\mathfrak{R}$ rechtsinduktiv, und nach Satz 6 gibt es ein maximales Element $W = (X, R)$ von $\mathfrak{W}$ bzgl. $\mathfrak{R}$. Es ist $X \subseteq A$. Wäre $X \subset A$ und $x \in A \setminus X$, so sei

$$X' = X \cup \{x\}, \qquad R' = R \cup (X' \times \{x\}).$$

Dann ist $W' = (X', R') \in \mathfrak{W}$ und $W \underset{R}{<} W'$ im Widerspruch zur Maximalität von W. Also ist $X = A$ und damit

$(A, R) \in \mathfrak{W}$, womit schließlich R eine Wohlordnung in A ist.

(b) Nach Satz 9 gibt es in bezug auf $\mathfrak{R}$ eine maximale Kette $\mathfrak{K}$ von $\mathfrak{W}$. Für $\mathfrak{K}$ definiere man wie unter (a) die Familie $(M_i, \varrho_i)_{i \in \mathfrak{K}}$ und X_0, R_0, W_0. Es ist wieder $W_0 \in \mathfrak{W}$ und $W \underset{\mathfrak{R}}{\leqq} W_0$ für alle $W \in \mathfrak{K}$. Es ist $X_0 \subseteq A$. Wäre $X_0 \subset A$, so sei $x \in A \setminus X_0$ und

$$X' = X_0 \cup \{x\}, \qquad R' = R_0 \cup (X' \times \{x\}).$$

Dann ist $W' = (X', R') \in \mathfrak{W}$ und $W_0 \underset{\mathfrak{R}}{<} W'$, also $W \underset{\mathfrak{R}}{<} W'$ für jedes $W \in \mathfrak{K}$, womit $W' \notin \mathfrak{K}$ ist. Es wäre dann $\mathfrak{K}' = \mathfrak{K} \cup \{W'\}$ bzgl. $\mathfrak{R}$ eine echte Oberkette von $\mathfrak{K}$ im Widerspruch zur Maximalität von $\mathfrak{K}$. Also ist $X_0 = A$ und damit $(A, R_0) \in \mathfrak{W}$ und R_0 Wohlordnung in A. ∎

Literaturverzeichnis

Es wird ein Überblick über die international vorliegende Hochschul-Lehrbuchliteratur zur Allgemeinen Mengenlehre gegeben.

ABBOTT, J. C., Sets, lattices and Boolean algebras; Boston 1969.

ABIAN, A., The theory of sets and transfinite arithmetic; Philadelphia-London 1965.

АЛЕКСАНДРОВ, П. С., Введение в общую теорию множеств и функций; Москва-Ленинград 1948.

ALEXANDROFF, P. S., Einführung in die Mengenlehre und die Theorie der reellen Funktionen; Berlin 1967.

BACHMANN, H., Transfinite Zahlen; Berlin-Heidelberg-New York 1967.

BASTIANI, A., Théorie des ensembles; Paris 1970.

BERNAYS, P., FRAENKEL, A. A., Axiomatic set theory; Amsterdam 1968.

BOREL, E., Elements de la théorie des ensembles; Paris 1949.

BOURBAKI, N., Théorie des ensembles; Paris 1960 (Kapitel I, II), 1963 (Kapitel III) und 1957 (Kapitel IV).

BREUER, J., Introduction to the theory of sets; Englewood Cliffs, N. Y. 1958.

CHRISTIAN, R., Introduction to logic and sets; Boston 1958.

COHEN, P. J., Set theory and the continuum hypothesis; New York-Amsterdam 1966.

Коэн, П. Дж., Теория множесть и континуумгипотеза; Москва 1960.

CROSSLEY, J. N., Constructive order types; Amsterdam 1969.

DRAKE, F. R., Set theory. An introduction to large cardinals; Amsterdam 1973.

FELGNER, M., Models of ZF-set theory; Berlin-Heidelberg-New York 1971.

FITTING, M. C., Intuitionistic logic, model theory and forcing; Amsterdam-London 1969.

FRAENKEL, A. A., Zehn Vorlesungen über die Grundlegung der Mengenlehre; Leipzig-Berlin 1927.

FRAENKEL, A. A., Einleitung in die Mengenlehre; Berlin 1928.
FRAENKEL, A. A., Mengenlehre und Logik; Berlin 1959.
FRAENKEL, A. A., Abstract set theory; Amsterdam 1968.
FRAENKEL, A. A., BAR-HILLEL, Y., Foundations of set theory; Amsterdam 1958.
ФРЕНКЕЛЬ, А. А., БАР-ХИЛЛЕЛ, И., Основания теории множесть; Москва 1966.
FRAENKEL, A. A., BAR-HILLEL, Y., LEVY, A., van DALEN, D., Foundations of set theory; Amsterdam 1973.
GÖDEL, K., The consistency of the axiom of choice and of the generalized continuum-hypothesis with the axioms of set theory; Princeton 1940 und 1961.
HALMOS, P. R., Naive set theory; Princeton N.Y.-Toronto-London-New York 1960.
HALMOS, P. R., Naive Mengenlehre; Göttingen 1969.
HAMILTON, N., LANDIN, J., Set theory: the structure of arithmetic; Boston 1961.
HAO WANG, MCNAUGHTON, R., Les systèmes axiomatiques de la théorie des ensembles; Paris-Louvain 1953.
ВАН ХАО, МАК-НОТОН, Р., Аксиоматические системы теории множесть; Москва 1963.
HAUSDORFF, F., Grundzüge der Mengenlehre; Leipzig 1914 und New York 1949.
HAUSDORFF, F., Mengenlehre; Berlin-Leipzig 1935.
HAUSDORFF, F., Set theory; New York 1957.
HAYDEN, S., KENNISON, H. F., Zermelo-Fraenkel set theory; Columbus, Ohio 1968.
HESSENBERG, G., Grundbegriffe der Mengenlehre; Göttingen 1906.
JECH, TH. J., Lectures in set theory with particular emphasis on the method of forcing; Berlin-Heidelberg-New York 1971.
JECH, TH. J., The axiom of choice; Amsterdam-London 1973.
JENSEN, R. B., Modelle der Mengenlehre; Berlin-Heidelberg-New York 1967.
KAMKE, E., Theory of sets; New York 1950.
KAMKE, E., Mengenlehre; Berlin 1962.
KEENE, G. B., Abstract sets and finite ordinals; Oxford-London-New York-Paris 1961.
KLAUA, D., Konstruktion ganzer, rationaler und reeller Ordinalzahlen und die diskontinuierliche Struktur der transfiniten reellen Zahlenräume; Berlin 1961.
KLAUA, D., Allgemeine Mengenlehre; Berlin 1968 (Band I) und 1969 (Band II).

KLAUA, D., Elementare Axiome der Mengenlehre; Berlin-Oxford-Braunschweig 1971.

KLAUA, D., Grundbegriffe der axiomatischen Mengenlehre, Teil 1 und 2; Berlin-Braunschweig 1973.

KLAUA, D., Kardinal- und Ordinalzahlen, Teil 1; Berlin-Braunschweig 1974.

KRIVINE, J. L., Théorie axiomatique des ensembles; Paris 1969.

KRIVINE, J. L., Introduction to axiomatic set theory; Dordrecht 1971.

KRUSE, A. H., Localization and iteration of axiomatic set theory; Detroit 1969.

KURATOWSKI, K., Einführung in die Mengenlehre und Topologie (Polnisch); Warszawa 1955.

KURATOWSKI, K., Introduction to set theory and topology; Oxford-London-New York-Paris-Warszawa 1972.

KURATOWSKI, K., MOSTOWSKI, A., Mengenlehre (Polnisch); Warszawa-Wrocław 1952.

KURATOWSKI, K., MOSTOWSKI, A., Set theory; Warszawa-Amsterdam 1968.

КУРАТОВСКИЙ, К., МОСТОВСКИЙ, А., Теория множесть; Москва 1970.

LIPSCHUTZ, S., Set theory and related topics. New York 1964.

MENDELSON, E., Introduction to mathematical logic; Princeton-Toronto-New York-London 1964.

МЕНДЕЛЬСОН, Э., Введение в математическую логику; Москва 1971.

MONK, J. D., Introduction to set theory; New York-St. Louis-San Francisco-London-Sydney-Toronto-Mexico-Panama 1969.

MORSE, A. P., A theory of sets; New York-London 1965.

MOSTOWSKI, A., Constructible sets with applications; Warszawa-Amsterdam 1971.

PINTER, CH. C., Set theory; Reading-Menlo Park-London-Don Mills 1971.

QUINE, W. V., Mathematical logic; Cambridge Mass. 1951.

QUINE, W. V., From a logical point of view; Cambridge Mass. 1953.

QUINE, W. V., Set theory and its logic; Cambridge Mass. 1969.

ROSSER, J. B., Simplified independence proofs; New York-London 1969.

ROTMAN, S., KNEEBONE, S. T., The theory of sets and transfinite numbers; London 1966.

RUBIN, J. E., Set theory for the mathematician; San Francisco 1967.

RUBIN, H., RUBIN, J., Equivalents of the axiom of choice; Amsterdam 1970.

SAARNIO, U., Das System und die Darstellung der transfiniten Ordnungszahlen mit Hilfe der höheren Rechenoperationen; Helsinki 1958.

SCHMIDT, J., Mengenlehre I; Mannheim 1966.

SCHOENFLIES, A., Entwickelung der Mengenlehre und ihrer Anwendungen; Leipzig-Berlin 1913.

SHOENFIELD, J. R., Mathematical logic; Reading (Mass.)-Menlo Park (Cal.)-London-Don Mills (Ontario) 1967.

SIERPIŃSKI, W., Hypothèse du continu; Warszawa-Lwow 1934.

SIERPIŃSKI, W., Leçons sur les nombres transfinis; Paris 1950.

SIERPIŃSKI, W., Algèbre des ensembles; Warszawa-Wrocław 1951.

SIERPIŃSKI, W., Cardinal and ordinal numbers; Warszawa 1965.

SIGLER, L. E., Exercises in set theory; Princeton N.Y.-Toronto-New York-London 1966.

SKOLEM, TH. A., Abstract set theory; Notre Dame, Indiana 1962.

SŁUPECKI, J., BORKOWSKI, L., Elements of mathematical logic and set theory; Warszawa-Oxford-London-Edinburgh-New York-Toronto-Sydney-Paris-Braunschweig 1967.

STOLL, R. R., Set theory and logic; San Francisco-London 1963.

SUPPES, P., Axiomatic set theory; Princeton N.Y.-Toronto-London-New York 1960.

TAKEUTI, G., ZARING, W. M., Introduction to axiomatic set theory; New York-Heidelberg-Berlin 1971.

TAKEUTI, G., ZARING, W. M., Axiomatic set theory; New York-Heidelberg-Berlin 1973.

VOPĚNKA, P., HÁJEK, P., The theory of semisets; Prague 1972.

ZEHNA, P., JOHNSON, R., Elements of set theory; Boston 1962.

Symbol-Liste

Namen- und Sachregister

Der Autor

- **untersucht Ordnungen, Vollordnungen und Wohlordnungen auf ihre strukturellen Eigenschaften**

- **stützt die verschiedenen Beweis- und Definitionsverfahren der transfiniten Induktion auf entsprechende Rechtfertigungssätze**

- **beweist Wohlordnungssatz, ZORNsches Lemma, Maximalmengen- und Maximalkettensatz**

- **setzt die Kenntnis der WTB-Bände „Grundbegriffe der axiomatischen Mengenlehre, Teil 1 und 2" voraus**

WISSENSCHAFTLICHE TASCHENBÜCHER

www.ingramcontent.com/pod-product-compliance
Lightning Source LLC
La Vergne TN
LVHW092106300926
849161LV00002B/60